HISTOIRE

DE L'AGRICULTURE

DES GAULOIS.

PARIS. — IMPRIMERIE DE J.-G. DENTU,
rue du Colombier, n° 21.

HISTOIRE

DE L'AGRICULTURE

DES GAULOIS,

DEPUIS LEUR ORIGINE JUSQU'A JULES-CESAR,

CONSIDÉRÉE DANS SES RAPPORTS
AVEC LES LOIS, LES CULTES, LES MŒURS ET LES USAGES;

CONTENANT, EN OUTRE:

1° L'HISTOIRE CHRONOLOGIQUE DE LEURS GRANDES ÉMIGRATIONS,
DE LEURS CONQUÊTES, DE LEURS COLONISATIONS
EN EUROPE ET EN ASIE, ET DE LEURS EXPLOITS MILITAIRES;
2° DES FAITS IMPORTANS,
LA PLUPART INÉDITS OU MÉCONNUS, ET QUI SE RAPPORTENT
A L'HISTOIRE GÉNÉRALE DES GRECS, DES ROMAINS,
ET DES GRANDS PEUPLES DE L'EUROPE OU DE L'ASIE MINEURE.

PAR J. B. ROUGIER, B^{on} DE LA BERGERIE,

ANCIEN PRÉFET,

Membre de l'Institut de France, de la Légion-d'Honneur, des Géorgiphiles de Florence, de l'Institut de Bologne, des Académies de Dijon, Troyes, Lyon, Rouen, Bourg, Caen, Autun, de Châlons-sur-Marne, de Cambrai, Montauban; fondateur du Lycée de l'Yonne; ancien membre des Comité d'agriculture et de commerce de l'Assemblée législative, du Conseil d'agriculture et des arts du ministère de l'intérieur, auteur de plusieurs ouvrages sur l'économie rurale et politique, et d'un *Cours complet d'agriculture pratique*, de 1819 à 1824.

A PARIS,

CHEZ J. G. DENTU, IMPRIMEUR-LIBRAIRE,
RUE DU COLOMBIER, N° 21;
ET PALAIS-ROYAL, GALERIE D'ORLÉANS, N° 13.

M DCCC XXIX.

TABLEAU SYNOPTIQUE

Servant à faire connaître, 1º. la force numérique des Bataillons, des Escadrons et des Batteries d'artillerie mis en action dans les opérations militaires rapportées dans ce Traité ; 2º. celle des divisions et des subdivisions de ces corps, ainsi que les dénominations qui leur sont appliquées ; et 3º. l'indication des couleurs affectées aux différens corps de troupes, figurés sur les plans, suivant leurs positions respectives.

DÉSIGNATION DES CORPS.	NOMBRE.	DÉNOMINATION DES CORPS, ET CELLE DE LEURS SUBDIVISIONS.	FORCE NUMÉRIQ.	EN COMBIEN DE PARTIES DIVISES.	FORCE DE CHAQUE SUBDIVIS.	INDICATION DES COULEURS ET CELLE DE LEURS APPARTENANCES. Désignat. des positions.	CORPS D'ATTAQUE.	CORPS DE DÉFENSE.	NOTA.
Infanterie.	1	Bataillon......	720	6 Compagnies..	120	1	Bleu de Prusse.	Carmin.	La planche A, fig. 11 de l'Atlas, fait connaître le degré de ton de ces différentes couleurs. Sur la même planche, fig. 1, sont indiqués les signes conventionnels qui figurent les corps des différentes armes.
	1	Compagnie....	120	3 Sections.....	40	2	Cobalt foncé.	Garance.	
	1	Section.......	40	2 Demi-sections.	20	3	Cobalt clair.	Vermillon.	
	½	Section.......	20	»	»	4	Cendre de bleu.	Minium.	
Cavalerie.	1	Escadron......	200	2 Divisions....	100				
	1	Division.......	100	2 Pelotons.....	50				
	1	Peloton.......	50	2 Demi-pelotons.	25				
	½	Peloton.......	25	»	»				
Artillerie.	1	Batterie.......	120	2 Demi-batteries.	60				
	½	Batterie.......	60	2 Subdivisions..	30				
	1	Subdivision....	30	2 Escouades ...	15				
	1	Escouade......	15	»	»				

OBSERVATIONS.

Toutes les fois qu'il sera fait mention d'un nombre d'hommes, ou de chevaux, moindre que le plus petit de ceux indiqués dans ce Tableau, ce nombre sera désigné numériquement.

La batterie d'artillerie, partie matérielle, se compose de huit bouches à feu, pièces de campagne, et est indépendante des pièces du calibre de 4, attachées aux bataillons.

HISTOIRE

DE L'AGRICULTURE

DES GAULOIS.

DISCOURS PRÉLIMINAIRE

SUR L'ANCIEN EMPIRE DES GAULES.

Il règne en France, dans l'opinion, parmi les lettrés et parmi les historiens les plus renommés, une telle défaveur ou prévention contre les Gaulois, qu'aujourd'hui les premiers écrivains n'osent pas même nommer ou aborder les siècles de gloire et de célébrité des antiques Gaulois, nos plus légitimes aïeux.

Ayant formé le dessein, depuis longues années, d'écrire l'histoire de l'agriculture, de laquelle les savans et le gouvernement n'ont jamais daigné s'occuper, j'ai dû nécessairement faire bien des recherches, afin de connaître et de me fixer sur des origines historiques. Il m'a fallu remonter aux siècles les plus reculés ; et plus je me suis porté aux berceaux des anciens peuples civilisés, plus j'ai découvert de traces effectives, ou de preuves de l'antiquité des Gaulois et de leur puissance.

Etonné du silence commun des écrivains, et de celui même de tant de compilateurs, qui ne demandent que des matériaux neufs et un titre ambitieux pour en faire valoir le débit, j'ai voulu, en 1815, sonder l'opinion sur les faits et gestes des Gaulois. J'ai donc publié une Notice raisonnée, qui établissait d'une manière positive, 1º leur antiquité, leur renom et leurs conquêtes; 2º la philosophie et les sciences des druides, leurs prêtres; 3º le système de l'éducation de la jeunesse; 4º le culte et la morale des peuples ; 5º leur ré-

gime diététique ; 6° j'ai offert des considérations historiques sur les climats et les excès
de température ; j'ai rappelé les mœurs, les
usages et l'industrie qui se rapportent le plus
à l'histoire de l'agriculture ; j'ai conduit cette
Notice, enfin, jusqu'à la conquête de toutes
les Gaules par Jules-César.

Je devais m'attendre, en citant constamment des autorités respectables , que des
savans, amis de leur patrie, chercheraient
eux-mêmes à ramener l'opinion égarée, sur
l'existence civile, politique et religieuse des
Gaulois, ou que d'autres, s'attachant à contredire les textes cités, déclareraient de nouveau les Gaulois barbares, sauvages, inhu-
mains, etc. ; mais nul parmi les savans, nul
dans cette Académie où l'on place le sanctuaire de l'histoire, n'a daigné les avouer ni
les contredire. S'il eût été question d'un mémoire en concours, dans lequel le style et
la phrase, chargés de fleurs et de figures,
doivent être tenus, de règle, à une hauteur

inaccessible au vulgaire, j'aurais pu croire que la simplicité du mien n'était digne d'occuper ni les uns ni les autres ; mais, dans ce premier essai, je n'avais mis, et à dessein, que des faits patens, tous fortifiés par d'honorables témoignages, et je m'étais imposé de n'en tirer que les conséquences les plus naturelles.

Après avoir mis à contribution les ouvrages et les aveux des philosophes les plus célèbres de l'antiquité, je suis descendu, avec les mêmes dispositions, dans les âges modernes; et dans cet ordre, je comprends les Romains, qui ont été les ennemis et les vainqueurs des Gaulois : c'est chez eux, pourtant, que j'ai trouvé les témoignages les plus glorieux et les plus avérés.

Mais lorsque j'ai voulu me prévaloir des livres d'histoire sur la France, à commencer par celui de Robert Gagnin, qui le premier a profité de l'invention de l'imprimerie, j'ai reconnu très-positivement la cause première du dédain et du mépris des écrivains, des historiens et des historiographes envers les Gaulois. Serviles flatteurs en général, ils se sont imaginés que ce serait avilir le trône de France, que de l'appuyer sur les vieilles dynasties des Gaulois ; comme si un *Civilis*, un *Vercingentorix*, qui a lutté avec tant de gloire, de courage et d'héroïsme contre le grand Jules-César, n'étaient pas aussi nobles qu'un Chilpéric, un Pépin ou un Capet. Je n'ai trouvé, et je le déclare à la honte de la France littéraire, que le seul historien Pasquier, qui ait pris et donné une juste idée des Gaulois, qu'il nomme aussi *nos légitimes aïeux*. Je me suis attaché à lui, comme le voyageur dans un désert s'attache à son guide. Il m'est donc bien permis de m'étonner que le témoignage direct du vertueux Pasquier n'ait pu avant moi ébranler les historiens en titre, dans leurs injustes préventions contre les Gaulois. Digne historien, digne Français, Pasquier a lui-même fort honoré le trône des Bourbons ; mais il n'a pas cru leur faire injure en rattachant les rois ou princes gaulois, aux Mérovée, aux Charles-Martel et Robert-le-Fort. Il a payé un juste tribut d'estime aux grands écrivains de Rome, mais il n'a point hésité pour signaler la partialité de Tite-Live, ainsi que Plutarque avait signalé celle d'Hérodote. Je regarde donc Pasquier comme le plus fort et le plus légitime appui de mon travail sur les anciens Gaulois. Jules-César seul en a démontré la grandeur et l'antique puissance ; c'est lui, sans doute, qui a éclairé l'opinion de Pasquier, car c'est dans les *Commentaires* que j'ai puisé moi-même les notions et les faits sur lesquels j'ai fondé la mienne, non seulement en ce qui concerne la gloire et le renom des Gaulois, mais encore l'histoire générale de leur agriculture, de leur industrie, de leur culte et de leurs mœurs.

En voyant l'indifférence obstinée des écrivains pour tout ce qui se rapporte aux Gaules, on se demande si ceux qui, en fait d'histoire, donnent le ton à l'opinion, ont bien réellement lu les *Commentaires de César* sur les Gaules ; car c'est une mine riche pour un historien ; le titre même, quant à sa valeur intrinsèque, n'a pas besoin des épreuves de l'art pour être mis en circulation.

Xénophon s'est annoncé comme un historien de premier ordre, et l'opinion a été juste envers lui ; Tacite lui-même a pris un tel soin de son style, de l'ordre de son plan et du choix de ses matériaux, qu'on sent qu'il travaillait pour être un jour cité dans la postérité. Mais Jules-César, sous ce rapport, est absolument sans prétention ; il dit les faits dans leur ordre naturel ; il en néglige les ornemens, et il déclare lui-même, avec une véritable modestie, qu'il n'a écrit que pour laisser des matériaux à l'histoire. Mais si, comme Virgile, peu content de cet ouvrage à son premier jet, César eût ordonné de le brûler après sa mort, Auguste n'eût pas

manqué de dire des *Commentaires* ce qu'il a
si noblement dit de *l'Enéide*. Cicéron, et
Tacite, au surplus, ont regardé ses *Commentaires* comme un chef-d'œuvre d'histoire
écrite ; ce serait encore un sacrilége, que de
les fondre en style académique.

Pour mieux démontrer l'injustice des siècles littéraires de la France envers les Gaulois, arrêtons-nous un instant sur l'ordre et
la catégorie des choses qui occupent le plus
les académies ; tout s'y rapporte à l'antiquité
et aux gestes des peuples étrangers, lointains,
et même fabuleux. On y sait les noms des
rois, des reines, et même des eunuques de
la Perse, de l'Egypte et de la Chine ; on en
cite les moindres évènemens et les chroni-
ques de cours ; on y fait, et toujours avec un
nouveau plaisir, les descriptions des monumens, et préférablement celles des villes
dont les traces sont perdues ; on y explique,
avec une ostentation toute orientale, et une
assurance presque risible, les hiéroglyphes

et les interprétations des êtres allégoriques ou mystérieux ; on y détermine les espèces de matériaux des temples et des palais ; on nomme les carrières d'où ils ont été tirés ; on ne néglige pas même les généalogies des princes, et les évènemens survenus dans l'ordre des successions, que les glaives ou les poisons ont si souvent déterminées.

Les investigations sur les pays étrangers, sont devenues chez nous une sorte d'orgueil qu'on a pris pour du génie, et auxquelles on a préposé une académie.

Troie s'est effacée jusque dans ses derniers vestiges ; l'Alphée, l'Eurotas, le Scamandre se sont perdus ; et de nos jours, on a vu des savans, des amateurs mêmes, partir pour la Troade, afin d'y découvrir les sites de villes, de fleuves, et de tombeaux effacés ou anéantis.

A tous ces investigateurs a succédé l'abbé Barthélemi, qui est devenu, académiquement parlant, le législateur classique de la Grèce antique.

A la fin du dernier siècle, et sous la république française, une armée d'élite, sortie
des mêmes lieux que celle des Gaulois qui
ont conquis la Grèce et une partie de l'Asie
et de l'Afrique, a fait une invasion brillante
et heureuse en Egypte ; les tyrans des mers
en ont frémi dans leurs comptoirs, et les
despotes dans leurs mosquées ; les manes de
Pitt se sont alors agitées au milieu des tombeaux de Westminster. Il y a eu des batailles
dignes des plus grand héros et des plus belles
armées, mais elles n'ont valu à la France que
des tableaux de galeries ; il ne s'est pas élevé
un seul chantre national, tant cette pauvre
patrie, comme dit Pasquier, est refoulée
dans le tombeau d'*oubliance*.

Un membre de l'institut du Caire, membre aujourd'hui de l'Académie des sciences,
et qui, à ce titre, comme MM. Cuvier et de
Laplace, est devenu, par abus, membre de
l'Académie française, a fait, pour l'histoire
de cette expédition, un fastueux et brillant

résumé des rois et des conquérans de l'antique Egypte, et des plus anciens peuples
qui y ont pénétré; mais il n'a fait aucune
mention des Gaulois ou Celtes, dont le
nom a fait le tour du monde, et qui, sous
celui de *Francs*, retentit encore dans tout
l'Orient.

Dans son grand élan vers l'érudition, l'historien de l'expédition d'Egypte n'a point
manqué de rappeler tous les rois et les peuples étrangers qui avaient foulé le sol de
Memphis et du Delta; il a fait cet honneur
aux Goths, aux Wisigoths et aux peuples sauvages qui habitaient les contrées voisines de
la mer Caspienne et de la mer Noire ; il n'a
point oublié les Macédoniens, que les Gaulois avaient vaincus 278 avant J-C. ; il a cité
avec admiration les Romains, mais il a gardé
le silence sur les victoires, sur les villes et les
royaumes que les Gaulois avaient fondés en
Asie et en Italie. Il s'est arrêté avec une com-
plaisance remarquable sur les victoires et les

conquêtes d'Alexandre, auquel il suppose, comme tant d'autres, des vues généreuses de civilisation, par le commerce et par les sciences ; il lui attribue la gloire d'avoir pour ainsi dire deviné l'Océan indien, comme si Homère n'en eût jamais parlé ; Alexandre, enfin, selon le narrateur académicien, fidèle écho des Sainte-Croix, n'a fait que du bien au monde, et, de son plein pouvoir, il lui décerne de nouveau le titre de *Grand*.

L'auteur n'a point oublié les croisades, desquelles il fait dériver, comme M. Michaud son digne confrère, l'agrandissement du commerce pour la France, la chute du gouvernement féodal, la liberté civile, et même jusqu'aux progrès de l'agriculture ! !

D'après ce discours tout académique, il semble en vérité que les Gaules ne soient plus dans l'histoire qu'un empire *in partibus*, et que les Gaulois n'ont jamais été que des sauvages féroces, comme les Paphlagoniens.

Si M. Fourrier n'avait eu pour but que de

transmettre à l'histoire l'expédition d'Egypte, on ne serait pas étonné de son silence sur les grands évènemens de cette terre classique des sciences et des arts; mais il a voulu encore enrichir son discours des trésors de l'érudition ; il y a fait comparaître les rois et les peuples qui, selon lui, ont été les plus fameux ; il a repris avec ostentation l'encensoir que Tite-Live avait usé en faveur des Romains. Membre, cependant, de l'Académie des sciences et de l'Académie française, il a dû savoir tout ce que les hommes les plus illustres parmi les Romains et les Grecs ont dit seulement de l'éloquence de Divitiacus, de Vercingentorix, de Civilis; il a dû savoir ce qu'en ont dit Cicéron, Tacite, Juvénal, saint Jérôme, etc.; philosophe, il a dû savoir que les foyers de la véritable éloquence n'ont jamais brillé que dans les pays libres, et qu'on ne saurait citer aucun peuple qui ait été plus enthousiaste de la liberté, que les Gaulois. M. l'abbé de Lonchamps, de

(14)

l'Académie française aussi, n'a point hésité
à déclarer que c'est dans les Gaules qu'on a
trouvé les premières traces du culte consacré
à Hercule, faisant observer qu'Hercule était
le dieu des Gaulois, et que la massue dont il
était armé manifestait le pouvoir de l'éloquence et du génie. Sur ce point encore, on
pourrait citer M. Fourrier lui-même, car
il n'a jamais été plus éloquent que dans les
premières années de la révolution.

Il est donc bien permis de s'étonner que
ce savant ait ignoré que les Gaulois avaient
fondé les royaumes de Galatie et de Cappadoce, dont avait été roi le célèbre Déjotarus,
que Cicéron avait défendu dans le sénat,
contre César ; que Ptolomée, après la mort
d'Alexandre, avait été en relation avec les
généraux gaulois qui venaient d'assiéger et
de prendre Delphes ; et après avoir vaincu,
dans plusieurs combats, les Locriens, les
Béotiens, les Athéniens, ainsi que les autres peuples circonvoisins accourus au se-

cours du grand-prêtre : il n'a pu ignorer, du moins, d'après les Romains et le consul Cépion, que les Tectosages, peuples gaulois, étaient rentrés à Toulouse avec les trésors qu'ils avaient enlevés à Delphes.

Il est avoué que, dans la 125ᵉ olympiade, TROIS CENT MILLE GAULOIS ont envahi la Macédoine, la Grèce, une partie de l'Egypte et de l'Asie mineure ; que l'Egypte, la Syrie, et les Etats voisins en furent ébranlés, ou tellement consternés, que leurs rois députèrent respectivement aux chefs gaulois, ou pour offrir des trésors, ou pour demander leur alliance et leur appui : Anthiochus, Eumenès, et spécialement Ptolomée, furent de ce nombre ; c'est cette armée de trois cent mille hommes, que M. l'académicien Lévêque a nommée *une horde de brigands* (1).

------

(1) *Brennus gallorum dux , olympiadis* 125 *anno secundo, circa annum mundi* 3723 *Græciæ intulit et templum Apollinis spoliavit.* (*Ex Frischlini annotationibus in Callim.*)

Il est pénible de faire observer que le docti
historien de l'expédition d'Egypte, ainsi qui
ses coopérateurs, ont ignoré l'histoire, ai
point de méconnaître ou de douter des no
bles et glorieux témoignages que toute l'anti
quité a déférés aux Gaulois. On gémit, oi
s'étonne de voir ce même académicien met
tre en ligne, dans son discours national, le:
peuples sauvages et féroces du nord, tel:
que les Scythes, les Goths, les Ayoubites
et de ce qu'il a gardé le silence sur les peu
ples des Gaules, qui aussi avaient conqui:
une partie de la Grèce, de l'Italie et de l'E·
gypte.

Plus familier avec l'histoire, il aurait dí
savoir que les Grecs, au temps même d'A·
ristote, connaissaient les Celtes, les Celto
Scytes, et les Celto-Galates; que Tacite re·
hausse leur antiquité comme nation brave
et généreuse, en disant formellement, et re·
lativement aux Gaulois, que les Germains
étaient un peuple moderne. Les auteurs

les plus respectables, enfin,. Aristote, Platon, Pythagore, regardaient la langue celtique
comme une grande division de celles du globe.
Une telle déclaration place donc nécessairement les Gaulois à une très - haute antiquité.

C'est un fait, que des bardes druides suivaient les Gaulois dans les combats, en chan-
tant des hymnes en l'honneur de la liberté.
C'est un fait encore, que Pythéas, de Marseille, Gaulois, philosophe, astronome et
géomètre, mesurait la terre, alors qu'A-
lexandre la ravageait. Cicéron a fait l'éloge
de Gnypho et de Valérius Cato, qui enseignaient l'éloquence à Rome.

Jules-César met au premier, rang des orateurs, Divitiacus et Valérius-Procillus, ses envoyés ordinaires, à Rome ou auprès des divers sénats. Le célèbre Roscius, qui n'a pas
encore été surpassé, et qui a eu la gloire de
former Cicéron à la déclamation, était Gaulois. Virgile a fait l'éloge de Gallus, originaire

des Gaules (1). Publius, Térentius, Varro et Trogue Pompée enfin, étaient Gaulois. Pausanias déclare que, dans toute l'Europe, on connaissait les Celtes, que les Grecs nommaient *Galates : universi Europæi* γαλάται, χελτοι.

Je suis fâché d'accabler ainsi M. Fourrier; mais je préfère à tous ses titres, la gloire de nos aïeux, envers lesquels l'opinion et l'Académie, qui prétend au sceptre de l'érudition, sont si injustes ou indifférentes.

C'est, au reste, dans l'histoire classique même, qu'on lit que le sénat de Rome, si fier et superbe, avait recherché l'alliance des Gaulois, pour s'opposer à toute invasion de la part d'Alexandre, en Italie. C'est elle encore qui nous dit que le héros des héros, le fils de Philippe, partout vainqueur et redouté, avait accueilli avec distinction, dans sa tente, des ambassadeurs gaulois, et dont la réponse à une de ses questions est encore

____

(1) Cornélius Gallus, l'ami de Virgile, de Mécène et

partout répétée ; c'est elle, enfin, qui nous redit toute l'estime et la confiance qu'Annibal, plus grand qu'Alexandre, avait dans la valeur et la générosité des Gaulois.

Etaient-ils des barbares à renier, ces Gaulois dont la mâle éloquence a été déclarée par le sénat de Rome, alors qu'il reçut et entendit à sa tribune le célèbre Divitiacus, ambassadeur et général des Eduens, et de laquelle Jules-César, Mécène et Tacite ont, au surplus, rendu de glorieux témoignages?

Le docte historien de l'expédition d'Egypte pouvait-il ignorer tout ce que Jules-César avait dit des Gaulois dans une déclaration spéciale, qu'il devait aux Gaulois ses victoires contre Pompée? Pouvait-il ignorer encore que ce héros avait souvent fait l'aveu que si Arioviste avait vaincu les Gaulois, il

---

d'Auguste, tenait la première place parmi les poëtes érotiques. Il avait fait un poëme héroïque qui le faisait regarder comme le digne rival de Virgile, son ami ; mais cet ouvrage a été perdu pour les lettres.

ne devait ses victoires qu'à la ruse et à ses menées pour diviser les chefs des nations gauloises?

Pythagore avait une si haute idée de la science des druides, qu'il voulut faire le voyage des Gaules pour en reconnaître les principes et les élémens.

Callimaque ne croyait pas célébrer des barbares, des sauvages et des brigands, quand, dans ses hymnes, il faisait descendre les Gaulois de la race des Titans.

Ammien Marcellin, cet historien probe et sévère, n'eût pas entrepris d'écrire l'*Histoire des Gaules*, si leurs peuples eussent été des hommes méprisés ou abhorrés.

Le prince des orateurs de Rome n'eût pas rendu une éclatante justice aux études qu'on faisait dans les Gaules.

Clément d'Alexandrie n'eût pas dit, à la face de l'Eglise et de la politique, que la religion des Gaulois était une religion de philosophes.

Saint Eusèbe, dans ses commentaires sur l'Evangile, n'eût pas hasardé cette opinion : que le système de Pythagore était emprunté des druides.

Celse n'eût point dit que les prêtres des Gaulois étaient les plus sages et les plus savans de l'antiquité.

Je laisse maintenant au lecteur le soin d'apprécier le silence de M. Fourrier sur les Gaulois, nos premiers et plus légitimes aïeux. On voudrait, pour son honneur et pour sa double palme académique, se prêter à croire qu'il n'a pas été le maître de dire et de choisir ses matériaux.

Aurait-on craint d'assimiler l'armée française, commandée par Napoléon, à une armée de barbares Gaulois, commandés par un Brennus? Je serais presque tenté de le croire, car les flatteurs ont une finesse de tact infinie, surtout envers un homme dont la gloire militaire effaçait déjà celle d'Alexandre.

Les Gaulois n'ont pas été plus heureux à la
tribune des députés; car l'un d'eux, s'agissant
de la vente des forêts de l'État, se complai-
sait, il y a peu d'années, à verser le ridicule
et la barbarie sur les Gaulois, *qui vivaient de
glands.* Je tairai son nom ; il serait trop pénible de penser qu'il y ait eu une telle dégénération dans sa lignée : mais l'impitoyable
Moniteur est là.

On avait formé, il y a quelques années, le
patriotique projet de fonder une académie
celtique. Ce projet n'était pas nouveau, car,
en 1676, M. de Colbert l'avait proposé, afin
d'avoir, disait-il, une véritable histoire de
la monarchie des Francs. M. Letellier, ar-
chevêque de Reims, présida même plusieurs
conférences sur un tel sujet. Le chancelier
d'Aguesseau a partagé cette opinion ; tous se
fondaient sur le fait, qu'on ne peut avoir une
véritable histoire de la monarchie des Francs,
sans la rattacher aux siècles gaulois. L'institution d'une académie celtique aurait infail-

liblement fait réaliser les vues de ces grands hommes.

Il était du devoir et de l'honneur de l'Académie, à laquelle l'histoire ancienne est principalement dévolue, d'encourager cette nouvelle académie ; c'était même pour elle une belle occasion de signaler de nouveau les Gaulois, comme des barbares brutes ; de démontrer, à l'aide de M. Lévêque et de ses savans confrères, la fausseté de leurs conquêtes et de leur civilisation ; de nier la prise de Delphes, et même celle de Rome, et de reléguer enfin les Gaulois parmi les peuples sauvages, tels que les Daces et les Gépides. Elle devait ces explications à la jeunesse, qui, pouvant un jour lire et comprendre César, Tite-Live, Tacite et Polybe, perdra peut-être, comme moi, son temps à exhumer les nations gauloises.

Le gouvernement ne se doute pas lui-même de tous ces antécédens ; il n'a témoigné aucun intérêt aux Français généreux qui s'offraient pour exploiter, *gratis,* une mine riche, mais décriée par tous les perroquets de la littérature. Au ministère de l'intérieur même, toujours malheureux en hommes d'Etat, l'académie celtique a souvent égayé les dîners ou les passe-temps des excellences, surtout quand leurs familiers faisaient partie de quelque académie. Nous n'avons point vu que M. de Corbière, né celtique, et qui a une prédilection marquée pour toutes les vieilleries de l'histoire, ait cherché à venger ses aïeux des affronts ministériels, et à faire constituer l'académie celtique.

Il est trop juste, à titre d'expiation bien méritée, de nommer, parmi les opposans acariâtres de l'Académie des inscriptions, M. Millin, qui, au seul nom d'*académie celtique,* éprouvait des sursauts ou spasmes convulsifs. Dans son système, et que l'Académie n'a pas contredit, il n'y aurait d'histoire que par les monumens et par les écrits. Ainsi donc, tous ces messieurs absorbent des nations entières et célèbres, de même qu'une éponge absorbe de grosse gouttes d'eau sur une surface polie. La Phrygie, par exemple, a été, pendant de longs siècles, sans monumens, et sans connaître l'art d'écrire. On peut en dire autant de maints autres peuples du nord de l'Europe et de l'Asie. Niera-t-on un jour l'existence des Incas et des Brésiliens, d'autre part, parce qu'on ne pourra citer ni monumens, ni fastes, ni médailles?

M. de Caylus n'a pas été si légèrement dédaigneux que MM. Millin, Lévêque et compagnie; car, en 1760, il a compris, dans son Recueil des antiquités, celles des nations gauloises.

M. New-Bery, Anglais, historien estimé, a déclaré, en 1759, qu'il y avait dans plusieurs contrées du nord, berceaux des Suèves et Danois, des monumens qui étaient d'origine celtique, et que partout la tradition le confirmait.

C'est une opinion commune parmi les anciens historiens, que les Etrusques sont d'origine celtique. M. de Caylus, sur ce point, combat Hérodote, qui attribuait la fondation de Florence à une colonie de Lydiens. En digne juge, il fait observer que la différence du style, des arts et des monumens du nord de l'Italie, avec ceux de l'Etrurie, provenait de ce que des artistes égyptiens étaient venus s'y établir.

Dom Martin, célèbre antiquaire, a jugé, sans contradiction, qu'il y avait à Pise et à Florence des monumens qui représentaient le culte druidique; il en cite un, où un jeune homme est initié au druidisme par un druide, et dont le costume ne laisse aucun doute. Il en explique un autre, où un druide, en grand manteau, la tête ceinte de bandelettes, présente des fruits à une femme vêtue en druidesse. M. le comte de Caylus, sur ce dernier monument, pense seulement que c'était une consécration de fruits.

De tels faits doivent étonner, du moins, nos érudits, détracteurs aveugles des Gaulois,

et surtout **M. Fourrier**, qui les a si étrange-
ment méconnus.

Les Gaulois, quoi qu'en disent les historiens
obligés, ne sont point apparus sur la scène
du vieux monde comme des barbares, sans
culte, sans lois et sans mœurs. Les philosophes grecs, les prophètes, les patriarches, les
Pères de l'Eglise mêmes ont déclaré que les
druides enseignaient une sage philosophie,
qu'ils étaient savans et profonds dans les
sciences, et surtout dans l'astronomie. Ce
sont tous les savans du monde, au surplus,
qui ont eux-mêmes greffé des peuples nouveaux sur la tige-mère des Gaulois : tels sont,
au nord, les Gallo-Scythes, et au midi, les
Celtibères (1).

---

(1) Les anciens Grecs, les Syriens, les Phéniciens, les
Arabes, les Egyptiens ont nommé *Celtes* les Gaulois, pre-
nant ainsi la plus notable nation des Gaules pour toutes;
cette dénomination a duré jusqu'à la prise de Constan-
tinople par les Turcs, qui alors ont donné le nom de
Francs à tous les peuples de l'Europe occidentale. Ainsi

Alexandre, le héros des héros, des académies et des orateurs profanes et sacrés, aurait-il compromis sa dignité et sa renommée en recevant près de lui des ambassadeurs de l'empire des Gaules ? Le sénat de Rome, plus fier encore, aurait-il fait solliciter un traité d'alliance avec les Gaulois, s'ils eussent été des brigands odieux et méprisables ?

Callimaque a pu s'abandonner à un enthousiasme poétique, quand il a déclaré dans son hymne sur Délos (1), que les Gaulois étaient de la race des Titans : il en avait du moins recueilli la tradition, qui alors était l'histoire.

M. Fourrier n'a pu ignorer l'ère des Séleucides, à laquelle un des grands capitaines d'Alexandre a donné son nom.

---

donc, dans l'histoire ancienne et moderne, on a fait prédominer dans l'Orient, sur tous les autres peuples, les noms de *Celtes* et de *Francs*. C'est un honneur du moins que n'ont pas eu les Espagnols, les Anglais, les Allemands, etc.

(1) *Contra Græcos, gladium celticum, gigantum posteri, ab occidente remotissimo..... affluent.*

On se moque à l'envi de la solennité du grand-prêtre des druides, pour aller cueillir le gui; mais Zoroastre a dit que, dans l'Inde, les destours allaient aussi tous les ans chercher solennellement, sur les monts du Mazendran, le *hom,* qui est une sorte de bruyère.

Le grief le plus accablant, l'argument le plus décisif des frondeurs des Gaulois se rapporte aux sacrifices humains : c'est le coup de massue de nos historiens et des gens du monde, qui jugent de tout sur le mot du maître. Mais ce genre de sacrifices date des premières pages de l'histoire, pour ne pas dire des premières familles; ils ont eu lieu chez les Egyptiens, les Phéniciens, les Grecs et les Indiens; les Hébreux, les Africains, les Indiens et les Romains ont long-temps offert de telles victimes. Les Carthaginois achetaient des esclaves de l'âge des victimes désignées, pour les immoler à la place de leurs enfans. En 1660, l'empereur de la Chine a fait sacrifier, sur le tombeau de la reine, trente esclaves qui lui

avaient été le plus chers. N'est-il pas déplorable de voir que, parmi nous, un tel reproche ne porte jamais que sur les Gaulois?
C'est toujours le premier mot des orateurs
et des poëtes : il n'y a pas jusqu'à M. l'abbé
Delille qui, dans son petit poëme élégant
des *Jardins,* veut qu'on lui montre

> . . . . Le temple où le druide
> Souillait de sang humain son autel homicide.

Les Romains ont laissé les plus glorieux
témoignages de l'éloquence des Gaulois : Cicéron, César, Tacite, Mécène (1) en étaient
bien convaincus : tout le sénat de Rome fut
frappé de celle du célèbre Divitiacus.

Quant à leurs sciences, à leur morale
et à leur industrie, je vais en donner des
preuves.

---

(1) Mécène écrivait de Rome à Auguste, qui voyageait
dans les Gaules : « Défendez surtout que les Gaulois ne
parlent dans les assemblées publiques. »

Voici pourtant les peuples qu'en France, aux académies de la capitale et à la tribune législative, on affecte de proclamer barbares! voici les hommes que nous désavouons pour nos aïeux, quand, dans la réalité de l'histoire, les Francs sont à peine aux Gaulois ce que les sources de *Druyes* (1), en Bourgogne, sont au fleuve de la Seine, à Rouen.

____

(1) Le bourg de Druyes, dans le département de l'Yonne, à cinquante-deux lieues de Paris, est très-remarquable par ses sources, qui, il n'y a pas un siècle, donnaient leurs eaux par douze bouches à la fois, et qui, aujourd'hui, se réduisent à deux ou trois, selon la saison.

La cause de cette diminution, qu'atteste presque officiellement la carte de Cassini, se rapporte aux immenses défrichemens des bois dans la contrée environnante : les titres anciens et la tradition le confirment.

C'est à ce point-là, qu'il avait été question d'établir un grand réservoir pour soutenir, en été, la navigation de l'Yonne. L'empereur en avait adopté le plan, et fixé la dépense. On sait qu'il donnait une attention particulière à tout ce qui pouvait assurer les approvisionnemens de la capitale. Tous les préliminaires avaient été remplis pour l'exécution et pour l'utilité publique; mais de petites intrigues, suggérées par un vain amour-propre et par le

· Si ce n'est pas de la part des érudits et des lettrés une conjuration impie contre la gloire nationale, c'est donc l'œuvre d'une insigne et coupable paresse; car les œuvres de César, de Polybe, de Tite-Live et du grand Tacite sont accessibles à tout écrivain, et chacun peut y voir ce que Montaigne et Pasquier y ont vu ; mais qu'on y fasse bien attention ; si ce train de paresse continue, le commun des hommes du monde, qui s'en arrange, et qui concourt activement à former l'opinion, en viendra peut-être, avant un siècle, à mettre en doute ou en thèse l'existence civile, religieuse et militaire des Gaulois : la dissolution de l'académie celtique en est déjà le triste préambule.

---

fatal esprit de corps qui règne fortement au conseil des ponts et chaussées, qui y domine et y a constamment dominé tous les directeurs-généraux, les ministres de l'intérieur, et même parfois l'empereur, a fait anéantir ce beau projet, qui eût été si utile à la ville de Paris et aux départemens de la Nièvre et de l'Yonne.

On ne sait plus quelle idée se faire de l'existence d'une Académie qui ne se croit instituée que pour s'occuper des choses étrangères à sa patrie ; ainsi, un de ses membres a fait une longue et savante dissertation sur les sortes de terrains qui couvrent le rocher du Capitole. Que n'a-t-on pas dit, à cette Académie et à celle des sciences, sur les zodiaques de l'Inde et de l'Egypte? Mais les Gaulois avaient aussi des zodiaques ; le plus fameux était celui de Vézelai : c'est à ce point culminant que saint Bernard prêcha la grande croisade. Le zodiaque y existe encore ; il est tout druidique ; quel académicien a pris la peine de venir l'examiner? Les avis cependant en ont été donnés, et par moi-même. Autant que j'en peux juger, il avait, par ses figures, une destination d'instruction publique. Un tel zodiaque en Abyssinie eût été enlevé par des spéculateurs, et le ministre de l'intérieur, encore, l'eût payé au poids de l'or. Grâce au surplus à la dernière et sage inves-

tigation de M. Gau et de M. Champollion,
de M. Caillaut, en Nubie, en Lybie et dans la
Haute-Afrique, tout l'échafaudage académique, élevé pendant plus d'un siècle, vient de
se dissiper comme un feu d'artifice : toutes
les recherches et gloses antérieures n'étáient
donc au fond qu'une zodiacomanie (1).

(1) Les Gaulois n'ont pas été plus heureux en littérature. Un jeune homme devenu trop promptement fameux,
et qui semblait avoir pris des inspirations aux forêts de la
Nièvre, l'un des plus profonds sanctuaires des druides, fit
annoncer, il y a quelques années, un ouvrage auquel il
donna le titre de *Gaule poétique*.

Les érudits crurent y trouver des traces effectives des
anciens Gaulois, et les poëtes une mine féconde de traits
inédits; mais tous y ont été trompés, même les lecteurs
les plus vulgaires ; car la *Gaule poétique* n'est qu'une
vaine paraphrase dictée par une imagination bizarre, et
de laquelle aussi nos romanciers et nos poëtes n'ont pu
faire sortir ni romans, ni poëmes, comme ils ont su en
trouver dans les œuvres de Walter Scott.

En ce qui me concerne, comme historien (s'il m'est permis de prendre ce titre), je déclare de bonne foi, que je
n'y ai rien trouvé dont on puisse profiter comme découverte et comme simple aperçu sur les mœurs, le culte et
la vie des Gaulois; mais l'auteur n'en emportera pas

Mais quel est donc ce mauvais génie qui dicte tant de choses vaines ou fausses à nos érudits, et qui les porte, dès qu'ils sont de l'Académie, à sacrifier de préférence la gloire et le renom des anciens Gaulois, que tous les grands hommes de l'antiquité ont honorés et respectés? Comment M. Lévêque, par exemple, dans ses *Études sur l'histoire*, a-t-il osé dire, que lorsque les Gaulois s'étaient approchés du temple de Delphes, « l'air aus-
« sitôt s'était mis en feu, et que les longs rou-
« lemens du tonnerre, répétés par toutes les
« anfractuosités des rochers, avaient jeté la
« terreur parmi les Gaulois, qui s'entr'égorgè-
« rent, et périrent tous? »

Cet académicien, cependant, jouit d'une haute réputation comme savant; ses traductions sont rendues classiques; dans les écoles, il a la vogue ou le crédit du maître. Sous

---

moins, grâce à Béranger, le nom et surnom de *M........* *le Gaulois*.

les rapports de l'estime personnelle, c'est un homme de bien, sans doute; mais, comme historien, il nage à pleines voiles dans un océan d'erreurs et de préjugés.

Les érudits de nos jours, fidèles à la tradition des maximes de leurs devanciers, ne cessent encore de repousser les Gaulois des nobles pages de l'histoire, parce qu'ils ne trouvent pas de médailles qui attestent de grands évènemens et la culture des beaux-arts; il nous semble pourtant que des faits authentiques, incontestables et non contestés, valent bien des médailles qui, dans le cours de l'histoire, ne sont, pour la plupart, que des mensonges ou des traces de vanité.

Celle où Domitien se fait nommer *Germanique* est-elle une preuve qu'il a vaincu les Germains, quand son triomphe à Rome n'a été qu'une audacieuse parade? Croira-t-on davantage aux victoires de Caligula? Croira-t-on à celles de Gordien le jeune, vainqueur des Barbares, qu'il n'avait pas combattus, et

à tant d'autres qui ne consacrent que la tyrannie, l'orgueil ou l'hypocrisie?

Puisque nous en sommes à l'Académie de
l'érudition, on doit encore moins s'étonner de
voir M. Lévêque, académicien, et nourri d'é-
rudition par ses ouvrages, consacrés à l'étude
de l'histoire, déverser à pleines mains le mépris sur les nations sorties des Gaules, que
d'avoir vu son Académie propre délibérer
un programme fastueux, et le publier en 1757
dans toute l'Europe, pour connaître plus
positivement, quelles sont les villes des
Gaules qui ont été fondées *par des colonies grecques,* et dont le prix fut remporté
par un professeur de Padoue? Examinons
cette question nous-mêmes, en faisant intervenir les avis, opinions ou déclarations des
auteurs les plus respectables de l'antiquité.

Il faut convenir, car c'est un fait général,
que partout l'opinion des érudits, des lettrés
et des professeurs dans les colléges, est per-
suadée que Marseille a été fondée par des

Phocéens : cette ville même s'en fait un titre de gloire.

Pythéas, géographe, natif de Marseille, célèbre navigateur, et contemporain d'Aristote, n'avait point cette opinion ; car il a dit sans prétention, et Charron a répété de même après lui, que des Saliens sortis de Marseille auraient abordé le pays des Phocéens, qu'ils auraient trouvés en insurrection contre les intendans de Cyrus ; qu'ils leur auraient proposé de venir s'établir dans leur pays, et que, par suite, la ville aurait pris le nom de *Marseille* (1).

Cette version première est du moins toute naturelle, en ce que des peuples irrités contre des tyrans se déterminent facilement à émigrer dans des lieux où ils seront libres.

---

(1) Ou ville des Saliens ; car, dans l'ancienne langue des Celtes, *maz* ou *mas* signifiait des habitations. Dans plusieurs de nos coutumes, la féodalité a fait consacrer les mots de *mas* et *masures*, comme divisions d'une glèbe seigneuriale.

Marseille, on le sait, était déjà une ville considérable à l'époque où Brennus prit . Rome; on sait qu'une partie de la rançon imposée par le héros gaulois fut avancée par les magistrats de cette cité des Gaules; ce fait, avoué par Tite-Live et par Dion, révèle du moins une haute antiquité en faveur de Marseille; il est donc tout naturel, que des Phocéens aient quitté leur patrie pour suivre des navigateurs qui leur proposaient des terres, leur alliance et un port de mer situé sous un beau ciel; mais on ne peut se prêter à croire que ce peuple, tel indigné qu'on le suppose, s'aventure, comme Ulysse, à chercher un sol hospitalier, et qu'il se dirige à point nommé sur le pays des Saliens. La vérité ou la réalité s'accorde donc bien mieux avec le récit de Pythéas et avec le fait si positif, que Marseille, comme ville et port de mer, préexistait, quand des Phocéens y sont survenus. On ne peut donc pas dire que cette ville a été fondée par une colonie grecque.

Selon la chronologie avouée, Marseille était fondée et connue par la navigation, avant que Cyrus eût pris Phocée : cette remarque est faite par Tite-Live.

· Dans l'expédition de Bellovèze, il est question de l'opposition que firent les Marseillais à des Phocéens qui voulaient débarquer sur leur maz, et en faveur desquels Bellovèze s'interposa, pour obtenir leur débarquement.

· Il est un autre fait avoué par Tite-Live : c'est que Marseille avait de l'or et de l'argent réduits en monnaie, quand la ville de Rome n'en avait pas encore.

Marseille enfin, s'était déjà mesurée avec Carthage, alors que les Romains se réduisaient à leur Latium.

Il n'y a donc aucune raison pour faire croire que Marseille ait été fondée par des Grecs.

S'agirait-il de Toulouse? Mais les plus anciens écrivains lui donnent une origine presque égale à celle de Marseille : on sait, en histoire, qu'elle était la capitale des Tecto-

sages, qui y apportèrent une partie des richesses enlevées au temple de Delphes. Les
mœurs des deux cités, au surplus, ont toujours été différentes; le sang africain semblait
distinguer les habitans de Toulouse d'avec
ceux de Marseille : telle est du moins l'opinion de tradition dans la Navarre et le Roussillon. Il est de fait, d'ailleurs, que Toulouse
existait comme ville capitale, cinq cents ans
avant Jésus-Christ.

M. l'abbé Audibert, il est vrai, a voulu,
dans ses recherches, faire considérer la ville
de Toulouse comme une fondation de colonie grecque; mais il est certain qu'elle existait dans les premiers temps de la fondation
de Marseille. Dion, Tite-Live, Jules-César,
en parlent dans ce sens; toutes les traditions,
d'ailleurs, s'accordent sur le fait, que cette ville
a reçu une partie des dépouilles enlevées au
temple de Delphes; le consul Publius Cepion
en avait donc acquis la certitude, quand il a
fait dessécher le lac sacré. On redit encore

dans le pays, que des Tyriens, des Sidoniens, des Grecs, pour fuir les tyrans de leurs pays respectifs, se sont réfugiés à Toulouse, où ils ont fait briller les arts et les sciences.

Des érudits coutumiers ou superficiels, ne pouvant se départir de l'opinion que les Gaules doivent tout aux Grecs et aux Romains, c'est-à-dire les sciences, les arts et la civilisation, ont voulu faire considérer Toulouse comme une colonie de Marseille ; en voici un argument : c'est qu'il y avait à Toulouse, comme à Marseille, un temple consacré à Apollon, et qu'on y parlait la langue grecque ; mais on ne peut en induire que les Toulousains aient appris cette langue des Marseillais. Il est d'ailleurs reconnu que les Gaulois ayant déjà fait des émigrations dans la Grèce, devaient en connaître la langue, etc.

Voudrait-on parler de Nîmes, de Narbonne, de Montpellier, de Vendres, *portus Veneris?* mais déjà ces villes existaient au temps d'Ambigat et du vieux Tarquin, mais

déjà les Gaulois avaient eux-mêmes fondé
Milan , Crémone , Aquilée , Vicence , etc.
N'est-il pas singulier qu'on affecte en France,
et jusque dans les sanctuaires de l'érudition ,
de vouloir persuader que les villes les plus
anciennes et les plus célèbres des Gaules,
ont été fondées par des Grecs, quand il est de
fait et prouvé que ce sont les Gaulois mêmes
qui ont fondé les plus anciennes villes de l'I-
talie?

Pour supposer seulement que les premières villes du littoral de la Méditerranée aient
été fondées par des colonies grecques , il faudrait aussi supposer une absence de peuples
dans cette partie des Gaules ; mais toute
l'histoire , et celle surtout des Romains ,
donne une grande et vive consistance aux
Allobroges , aux Eduens , aux Tectosages ;
mais toute l'histoire admet comme faits incontestables la population des Gaules méridionales, la valeur, les forces supérieures ,
et surtout l'ardeur de ces peuples pour la

guerre et les combats. Dans cet état de choses, peut-on s'abandonner à la conjecture que des Grecs, las de tyrannie, de guerres, ou simplement avides de changer de climat, se seraient dirigés précisément vers l'Europe occidentale, lorsque l'Asie et l'Afrique leur offraient tant de pays découverts, inoccupés, et plus en rapport avec le ciel qu'ils venaient de quitter; peut-on supposer enfin, que les Gaulois, déjà établis, se seraient laissés envahir et déposséder par des colonies d'aventuriers?

Nous n'avons pas vu que le professeur de Padoue ait signalé comme des colonies grecques Lyon, Autun, Clermont, Sens, Beauvais, Bourges, etc.; ce sera peut-être un jour le sujet d'un autre programme de l'Académie des inscriptions (1).

____

(1) Au moment où j'écris cette page, les journaux annoncent un grand prix sur cette question même, déjà jugée en faveur d'un lauréat de Padoue.

. Mais ajournons nous-mêmes de plus grandes et nombreuses preuves sur l'ancienneté
et la célébrité des peuples des Gaules ; plai-
gnons seulement l'Académie des inscriptions,
et surtout le gouvernement, d'avoir méconnu
et repoussé une société d'hommes instruits,
bienveillans et zélés pour la gloire de leurs
ancêtres, qui voulaient se charger de recueillir tous les monumens et documens qu'exige
l'histoire, afin d'établir celle des Gaulois, et
de donner par suite plus de consistance ou
de réalité à l'histoire de la monarchie française. Je ne me présente point, du reste,
comme champion de l'Académie celtique ; je
suis loin de m'arroger cet honneur ; j'ai voulu
seulement apporter le tribut de mes réflexions,
et tâcher, autant qu'il est en moi, de concou-
rir à la réhabilitation de la gloire des Gaulois, nos plus légitimes ancêtres. J'ai pris mes
autorités dans les auteurs anciens les plus accrédités ; je place donc mon histoire spéciale
des Gaulois et de leur agriculture sous l'égide

commune de Polybe, Plutarque, Jules-César, Tacite, Tite-Live, Strabon, Cluverius, et de notre vertueux Pasquier.

N. B. Je dois avertir le lecteur que, dans le cours de cette histoire, je donnerai le texte des citations latines et grecques, afin de mieux convaincre sur des réalités généralement peu connues ou contestées : cette exception à l'usage m'est imposée par tous les doutes qu'on se plaît à élever contre l'existence et la gloire des Gaulois.

CHAPITRE PREMIER.

L'origine des Gaulois. — Ils sont indigènes au sol des Gaules. — Ils
ne doivent rien, ni aux Scythes, ni aux Egyptiens, ni à aucun
législateur. — Ils ont été en relation avec l'Atlantide. — Il n'y
a jamais eu d'émigrations ni d'irruptions des peuples du Nord,
dans les Gaules, avant Ambigat. — Les Gaulois ou Celtes ont
imposé leurs noms à des Etats et à des peuples de l'Europe et
de l'Asie. — Preuves données. — Leur culte, leurs prêtres,
leur ancienneté. — Ils se donnent six mille ans d'existence politique. — La tradition seule conservait leur science et leur
histoire. — Les grandes divisions du territoire. — Le portrait
des Gaulois. — Parallèle entre les Gaulois et les Spartiates. —
La fondation de Marseille. — Rappel de plusieurs villes fondées
en Italie, et dans lesquelles la langue celtique a long-temps
dominé.

QUAND il n'y avait encore, sur les sept col-
lines qui dominent le Tibre, que de miséra-
bles réfugiés, ou plutôt des brigands (1) sans

---

(1) *Quos autem Romanos? nempè pastores qui latrocinio... Ademptum solum teneant; qui uxores... Vi publica
rapuerint, qui urbem ipsam parricidio condiderint.* (Just.,
Orat. OEtol.)

patrie, sans épouses et sans religion (1) ; quand l'Attique et la Béotie n'étaient foulées que par les tristes et barbares Pélasges et Léléges (2) ; quand les Scythes (3) et les Thraces impies, errans et féroces, ne trouvaient de bonheur et de gloire qu'à exterminer, les Gaulois existaient en corps de nations.

Combien de siècles ont dû s'écouler sur eux, avant d'en venir à une organisation politique ! organisation qu'on doit admirer encore, si on la considère au point de départ d'hommes absolument sauvages.

Tout atteste que le premier élan des Gaulois a été de reconnaître un Dieu suprême, créateur du monde, et de croire à l'immortalité de l'âme. Leurs passions et leurs vertus consistaient à être braves et hospitaliers.

Leurs prêtres, qu'ils ont nommés *druides*,

1o *Et tamen ut longè repetas, longèque, revolvas*
Nomen, ab infami gentem deducis asylo.
(Juv.)

(1) Varron dit formellement que les Romains n'ont élevé de temples aux dieux que l'an 170 de la fondation de Rome.

(2) Peuples barbares du Nord établis dans la Carie.

(3) *Hospitum immolatores carnibus corum vescentes.* (Strab.)

étaient les oracles ou les interprètes de là Divinité; leur dogme, simple et auguste à la fois, était digne de l'homme pur du premier âge.

Les Gaules étaient partagées en plusieurs grandes nations commandées par des chefs ou des rois *élus annuellement;* elles étaient indépendantes les unes des autres; mais sous les grands rapports sociaux, elles existaient dans une sorte de confédération ; il y en avait néanmoins de plus puissantes les unes que les autres : telles étaient celles des Celtes, des Bituriges, des Arverniens, des Eduens, des Rhémois, des Allobroges , etc.

Les druides étaient les premiers de chaque nation; ils étaient soumis eux-mêmes à un grand-prêtre qui réunissait tous les pouvoirs; il était, en un mot, le souverain des Gaules; il résidait dans le pays des Carnutes.

Tous les peuples étaient pasteurs, chasseurs et guerriers : les climats seuls faisaient des différences ou des modifications; comme tels, ils étaient nomades , mais seulement dans les limites de leurs territoires respectifs.

On demande peut-être déjà quelle fut l'origine des Gaulois, et quels ont été leurs législateurs; car il semble que les historiens et les savans de tous les âges soient convenus

de dire, qu'aucun peuple de la terre n'a pu de
lui-même créer ses institutions civiles et religieuses, et moins encore se suffire par les
sciences et par les arts. Ainsi, selon eux, les
Egyptiens doivent leur civilisation aux Perses
et aux Indiens, les Grecs à une colonie venue
de la Basse-Egypte, conduite par Cécrops,
et les Romains à des Phrygiens échappés du
sac de Troie.

Quel savant, jusqu'à présent, a pu bien
déterminer l'origine des Huns, qui pourtant,
selon l'histoire, et relativement aux Gaulois,
sont des peuples modernes ? Lisez les historiens, ils ont envahi l'Asie; lisez les interprètes du texte sacré, ils sont sortis des
plaines de Sennaar immédiatement après le
déluge; suivez-en l'irruption et les conquêtes,
la Chine aurait été leur terre promise; exa-
minez leurs usages et leurs mœurs, et vous
croirez lire l'histoire même des Gaulois.

Ammien Marcellin dit les Gaulois originaires des Gaules. Tacite a la même opinion,
et il repousse la conjecture de l'invasion des
peuples du Nord (1).

____

(1) *Nam et naturâ et vitæ institutis, gentes hæ similes
et cognatæ sunt.* (Am. M., Strab.)

Les Gaulois ne devaient pas faire exception à ce système général; tout ce qu'ils ont fait leur a été appris; les uns disent par les Egyptiens, et les autres par les Scythes; mais quels furent les législateurs de ces peuples, plus anciens que les Perses et les Scythes? M. Bailly ne le dit pas positivement, mais il a imaginé et composé, avec tous les agrémens du style et le charme de la philosophie, une sorte de roman, pour établir que les peuples qui ont éclairé les Perses et les Egyptiens sont sortis des îles de la mer Glaciale. Platon est son oracle, Platon « qui, encore « enfant, avait entendu conter à son aïeul « Critias, âgé de 90 ans, qu'une grande na- « tion était sortie de la mer du Nord, qu'elle « avait envahi toute l'Europe et l'Asie, et « porté le culte du soleil dans la Perse. »

Selon M. Bailly encore, les Indiens, les Chaldéens, les Chinois et les Egyptiens ont la même origine; c'est aux peuples *hyperbo-*

Germania a Galliis... Rheno separatur... Ipsos Germanos indigenas crediderim, minimèque aliarum gentium adventibus; quis porrò Germaniam peteret, informem terris, asperam cœlo, tristem cultu aspectuque, nisi sit patria. (Tac.)

réens qu'ils ont dû leurs lois, leur culte, leurs arts et leurs sciences.

Ce n'est point à moi à juger ce savant, ni à prononcer sur une telle question ; mais, s'il m'était permis d'émettre une opinion, en ce qui concerne les communications de peuples à peuples, celles qui ont pu hâter la civilisation des Gaulois, et jeter parmi eux les étincelles des sciences et des arts, je serais infiniment porté à croire qu'ils ont été en relations avec les peuples de l'Atlantide, que le même Platon a dit située vis-à-vis les colonnes d'Hercule, que les Egyptiens plaçaient vers les Canaries ; que Solon, sur la foi des Egyptiens, a dit être aussi grande qu'un continent ; que Plutarque a désignée être à cinq jours de distance de l'Irlande, et que Diodore de Sicile, enfin, a dit être une contrée maritime et fertile, où il y avait des fleuves, des montagnes, des forêts, et beaucoup d'animaux sauvages.

Les Phéniciens sont généralement réputés avoir tenu toutes les mers ; Homère en a fait le premier la remarque ; Diodore, de son côté, rapporte que, dans un de leurs trajets, ils avaient été jetés par une tempête sur les côtes de l'Irlande ; que, de là, ils

avaient abordé l'Atlantide, et qu'ils y étaient
descendus ; qu'ils en avaient trouvé le séjour
si délicieux, qu'ils s'étaient proposés d'y revenir avec une colonie, dans le dessein de
s'y établir ; mais que, peu de temps après,
une catastrophe du globe avait fait disparaître l'Atlantide : Possidonius raconte le
même fait par la même cause.

Le respectable Cluverius, qu'on ne connaît pas assez dans les études de l'histoire,
a dit, dans son ancienne géographie : « Quant
« à l'Atlantide, dont parle Platon, elle gît
« engloutie sous les eaux de la mer, à la suite
« d'un terrible tremblement de terre (1). »

Kirker, dans son *Monde sous-marin*, a dit
que l'Atlantide avait existé entre les Açores
et les Canaries (2).

Il me semble donc qu'une telle opinion,
ainsi fondée, peut se soutenir. Si un jour
elle pouvait occuper un Gebelin ou un Do-
lomieu, combien il trouverait de preuves et
d'analogies dans le culte, les usages et les

----

(1) *Quantùm ad Platonicam Atlantida, illa immani
motu terræ aquis marinis obruta jacet.* (Cluv.)

(2) *Atlantidem inter Acores atque Canarias conjectat.*
(Kirk.)

mœurs de ces peuples antiques ; rappro-
chant ensuite les époques des déluges d'Ogy-
gès et de Deucalion, des grandes catastrophes
que l'Océan a fait éprouver au continent du
Nord et à ses îles, où les débris de certains animaux, cités en témoignage d'un climat opposé, ne paraissent être que les effets
des courans des mers et du mouvement de
la terre, plus rapide à l'extrémité du pôle,
il pourrait peut-être démontrer que la disparition de l'Atlantide et les bouleversemens
des grandes îles du Nord, ont fait rompre
toutes les communications de l'Europe avec
l'Amérique, où, et surtout dans le Mexique,
il retrouverait, sous les *rapports essentiels*,
tout le vieil homme de l'Europe et de l'Asie.

Si les Gaules, au contraire, ont toujours
eu l'Océan pour limite, si leurs peuples
n'ont jamais été en relations avec ceux de
l'Atlantide, leur origine se perd dans la nuit
des temps ; leur gloire, comme ancien peuple, n'en est que plus auguste.

Hérodote attribue le culte, les usages et
les mœurs des Gaulois aux Scythes, qui,
en différens temps, auraient fait des irruptions dans les Gaules, et y auraient établi
leurs lois et leurs institutions. On ne peut

sans doute opposer des preuves positives ,
contre des faits d'une antiquité si reculée ;
mais le raisonnement, d'une part, et de
grands évènemens de l'autre, semblent plutôt démontrer, que les Gaulois ne doivent
rien aux Scythes, si ce n'est que les Gaulois,
dans leurs premières émigrations, ont emprunté quelques usages de ces peuples du
Nord.

Pour justifier son opinion, Hérodote fait
observer des rapports de conformité entre les
Scythes et les Gaulois ; et jugeant d'avance,
ce qui n'est rien moins que prouvé, que les
Scythes sont plus anciens que les Gaulois, il
attribue tout aux premiers. Ces prétendus
rapports ne peuvent être une preuve ; car ils
sont à peu près communs à tous les peuples
pasteurs, nomades et guerriers (1).

---

(1) Nous pourrions citer beaucoup d'Hérodotes en
France, qui, comme lui, ont préféré le renom à la
science vraie et à la vérité, tels que les Bailly, Lévêque,
François de Neufchâteau, Lacépède, presque tous nos his-
toriens de la France, et jusqu'à M. l'abbé Barthélemy,
pour lesquels le style seul était le grand point de mire.
Hérodote avait soixante dix-sept ans quand il publia son
Histoire de la révolte des Mèdes, laquelle est, du reste,

Plus on examine cette question, plus les doutes s'élèvent sur tous les points. Est-il, en effet, dans l'ordre probable et connu, que l'irruption d'une horde, quelque grande qu'on la suppose, fasse paisiblement la conquête d'une immense contrée occupée par un grand peuple, et dont le caractère natif a toujours manifesté la passion de la gloire et des combats? Peut-on croire, d'ailleurs, que le nouveau peuple conquérant ait pu faire changer tout à fait les mœurs, les lois et la religion du premier peuple, et telles qu'elles fussent alors?

Pline, dans sa *Description de la Scythie*, a dit que ses peuples étaient inconnus aux autres, *ignoti propè cæteris*. Qu'on généralise même son nom à toutes les îles des mers du Nord, où Bodin, et Bailly ensuite, ont placé l'officine du genre humain, *hominum offici-nam*, on n'en croira pas davantage l'opinion d'Hérodote.

Les meilleurs historiens et géographes, entre autres Strabon, ont considéré les Scythes sous deux rapports très-opposés; ceux

---

fort peu instructive. Il vivait quatre cent vingt ans avant notre ère : on ignore où il est mort.

qui habitaient le Nord, c'est-à-dire les Paphlagoniens, étaient féroces ; leur pays en
avait reçu le titre, $\H{\alpha}\xi\epsilon\nu\text{o}\varsigma$; tandis que ceux
qui habitaient le rivage du Midi, le Pont-
Euxin et la Bithynie, étaient doux et hospi-
taliers, et leur pays avait le titre d'$\epsilon\H{\nu}\xi\epsilon\nu\text{o}\varsigma$.

Chœrile, ami et contemporain d'Hérodote, a dit que les Scythes du Pont-Euxin
étaient adonnés à l'agriculture ; aussi les nom-
me-t-il ϛεωργοι. Horace donne le nom de
Scythes à tous les peuples du septentrion (1).
Les Romains, d'ailleurs, ont fait observer
qu'ils n'avaient trouvé aucune trace d'agriculture chez les Scythes du Nord ; Hume et
Montesquieu, enfin, s'accordent sur le fait
que les Scythes n'ont jamais pu parvenir à
une grande population.

Les émigrations des plus anciens peuples
n'ont point eu, en général, des vues politiques ; elles sont en quelque sorte d'un instinct commun à tous les êtres que la nature
fait excessivement multiplier. C'est dans
cette considération, relative à l'homme,
que Thucydide et Strabon disent que ces
premiers grands déplacemens n'ont été que

____

(1) Ode ix.

des levées insurrectionnelles ΑΗΑΝΙΣΤΑΜΕΝΟΥ,
à la tête desquelles, comme dans les essaims
d'abeilles, se mettait toujours un chef de la
race des rois.

Si donc les premières émigrations n'ont
pas eu d'autres causes que la surcharge de
la population et la recherche d'un meilleur
climat, ou du moins d'un sol plus nourricier,
on ne peut croire que les Scythes soient venus
de la chaîne des monts Riphéens ou des portes
Caspiennes dans le sein des Gaules, dont le
climat était si contraire aux motifs de leur
émigration. Il est donc bien plus naturel de
supposer que ces peuples du Nord, et surtout les Huns, se sont fixés dans quelques
contrées de l'Asie, qu'ils devaient plutôt dé-
sirer et connaître, et qui leur offraient plus
réellement les ressources nécessaires à la vie.

Comment, enfin, adopter le système de
telles émigrations, quand, à ces époques,
les Gaules éprouvaient elles-mêmes le besoin
d'alléger leur population propre? Et quand
déjà, avant qu'il fût question de Scythes dans
le monde, les Gaulois avaient envoyé des
colonies armées dans l'Asie et la Grèce (1)?

---

(1) *Confitendum tamen est quod Galli per Asiam*

Les déplacemens des peuples du nord de l'Asie et de l'Europe, comportaient un caractère tout différent de ceux des Gaulois. Les uns, essentiellement nomades, ne s'aventuraient dans leurs excursions, que pour faire et enlever du butin, et le transporter dans leurs régions respectives, tandis que les Gaulois, pour se faire un double lien, laissaient des leurs dans le pays qu'ils avaient conquis, ou dans le camp qu'ils avaient établi; ceux qui ne s'y fixaient pas rentraient dans la mère-patrie, ce que firent les Tectosages, en se séparant de ceux qui fondèrent le royaume de Galatie.

On a reproché à Homère de n'avoir point parlé des Scythes, *Scytharum non meminit Homerus*. Ce silence d'Homère est une des plus fortes preuves, que les Scythes n'étaient pas un grand peuple, et qu'ils n'ont pas émigré dans les Gaules pour s'y établir.

L'opinion des anciens, et celle même des modernes, s'est égarée sur les Scythes, parce que plusieurs auteurs, entre autres Jornandès et Spartien, ont souvent dit qu'il

---

sparsi, *stipendium*, *totá cis taurum Asiá exegerunt*. (Falc., *Ex comm. in Liv.*)

y avait des Scythes dans toutes les armées ;
mais en même temps d'autres auteurs ont
généralisé le nom de *Scythes* aux Dèces,
aux Gètes, etc.

Justin, abréviateur de Trogue Pompée,
est un des anciens auteurs qui s'est le plus
occupé des Scythes ; il en fixe le territoire,
d'une part, aux monts Riphées, et, de l'autre,
au Pont et au fleuve du Phase. « Ces peuples, dit-il, ne savent pas cultiver la terre ;
ils sont accoutumés à errer dans le désert ; ils
n'ont pas de lois ; pourtant, ils ont horreur
du vol ; et ils ne connaissent même pas l'u-
sage de travailler la laine (1). »

Lorsque Philippe, roi de Macédoine, voulut asservir la Grèce, il fit demander aux
Scythes des hommes pour un siége ; Athéas,
leur roi, s'en excusa sur l'âpreté du climat,
et sur la stérilité de la terre (2).

---

(1) *Scythia autem includitur ab Ponto, montibus Ri-
pheis... Et phasi flumine... Hominibus inter se... neque
agrum exercent... per incultas solitudines errare solitis...
Justitia, cultis, non legibus... nullum scelus, furto gra-
vius, lanæ iis non usus.* (Just., l. 2.)

(2) *Inclementiam cœli et terræ sterilitatem causatus.*
(Id., l. 9.)

Tite-Live s'est évidemment aventuré, en disant que le philosophe Dicenès avait civilisé les Scythes, et que, pour y parvenir, il avait fait arracher *toutes leurs vignes*.

Justin dit que la première grande émigration des Scythes a eu lieu sous le règne de la reine Thomiris, mais il ajoute qu'ils se dirigèrent vers l'Assyrie.

Toute l'histoire dépose que, dans les grandes irruptions des peuples, soit comme émigrans, soit comme conquérans, les vainqueurs avaient toujours imposé leur noms aux indigènes. Si, pendant quelque temps, les vaincus et les vainqueurs se sont donnés chacun leur premier nom, les historiens et les géographes, de leur côté, n'ont pas tardé à en composer un qui rappelle les uns et les autres ; mais le nom du vainqueur est toujours dans la première partie; ainsi, on a dit les Gallo - Grecs, les Celtibères, dont Aristote parle dans sa *Politique*.

Les anciens ont presque tous considéré les Celtes comme des peuples qui cherchaient une meilleure terre, Ϝαζηται. Diodore, Varron et Justin disent que lorsque les Tyriens abordèrent en Espagne, ils y trouvèrent les

Celtes établis (1). Les Grecs, d'après les Egyptiens, ont nommé *Galatie* les parties de la Cappadoce que les Gaulois avaient envahies. Pausanias a nommé un peuple de la Phrygie *Celto-Galates*; Zozyme et Plutarque nomment des peuples de la Thrace et du Pont, *Celto-Scythes*. Plusieurs historiens grecs ont nommé des peuples de l'Asie et de la Grèce, des *Gallo-Grecs*, ou simplement des *Galates* (2).

Pompée, dans la guerre contre Mithrydate, fait mention des Galates.

Mithrydate, de son côté, d'après Justin, aurait envoyé des ambassadeurs aux Cimbres et aux Gallo-Grecs (3).

Ainsi, en récapitulant les dénominations seulement historiques, on trouve dans tout l'ancien monde, depuis les colonnes d'Hercule jusqu'au-delà du mont Taurus, des Gaulois ou Celtes, sous les nom de *Galates*, de

----

(1) *In universam Hispaniam pervenisse Celtas.* (Diod. 5, Strab., *Ex Ephore.*)

(2) *Gallo-Græcorum... Cappadocia finitimi.* (App., *de Bell. Mitryd.*)

(3) *Legatos ad... alios, ad Gallo-Græcos auxilium petitum misit.* (Just., l. 38.)

Gallo-Scythes, de *Gallo-Grecs*, de *Celto-Scythes*, de *Celtibères*, de *Celto-Galates*, de *Celto-Ligies*, de *Gallo-Ligures*, mais nulle part on ne trouve des *Scythes - Celtes*, des *Ibères-Gall*, des *Grecs-Gall*, etc. Ainsi, tout bien considéré, il semble démontré qu'en aucun temps les Scythes n'ont dépassé la Germanie.

Il n'est pas moins démontré que les druides sont les seuls prêtres qu'aient eus les Gaulois, et que leur culte n'a pas varié ; ainsi, à moins de supposer que les Gaulois fussent sans religion à l'époque de l'irruption des Scythes, on ne pourra jamais croire que la religion des Gaulois ait été celle des Scythes. Toutes les belles suppositions de M. Bailly s'évanouissent devant cette vérité première.

Les druides enseignaient que les Gaulois étaient originaires du sol des Gaules ; il est certain, du moins, que leur culte n'a préexisté dans aucune autre partie du globe. Est-il une seule grande nation connue, qui pourrait établir deux points aussi importans pour prouver son ancienneté?

Les Gaulois, dans leurs hymnes, qui étaient leurs fastes, et auxquels ils attribuaient six

mille ans de date (1), se disaient indigènes, ou les premiers habitans de la terre.
Ammien Marcellin dit que leur origine était
inconnue (2).

Mais quel est le peuple dont l'indigè-
néité ait été généralement établie et avouée?
L'orgueil seul de l'homme a fait élever à
ce sujet des doutes et des commentaires;
des chefs de sacerdoces s'en sont emparés;
et lorsque leur pouvoir a été absolu, on s'est
alors résigné, plutôt par amour pour la paix,
ou par la crainte, que par conviction.

L'opinion, cependant, que l'homme a pu
avoir plusieurs berceaux sur le globe, et
celle même que le sein de la terre et des eaux
peut être plein de germes infinis, que la
nature, par la toute-puissance de Dieu, a
prédestinés à prendre avec la vie des formes
variées, les uns selon la position du globe,
dans l'ordre planétaire, et les autres selon
l'influence de l'astre qui les éclaire et les vi-
vifie, n'eût porté aucune atteinte à la préé-
minence de l'homme sur tous les autres ani-

____

(1) *Poemata... a sex millibus, ut aiunt annorum.*
(Strab., l. 3.)

(2) *Aborigenes esse, Galli affirmarunt.* (Am. M., l. 15.)

maux, par son âme immatérielle, et par ses justes sentimens d'adoration envers le Dieu du monde. Le philosophe ni le chrétien éclairé ne pourraient s'en offenser; car on ne ferait que manifester l'idée d'une plus grande puissance dans le Créateur de l'univers. Si cette pensée philosophique n'est pas entièrement dans les conformités de l'orthodoxie voulue ou imposée, elle est du moins plus raisonnable que celle du jésuite Gumila, qui prétendait qu'il n'y avait que des athées qui pouvaient dire que Dieu avait créé les Américains.

Pour terminer cette digression, que revendiquent les nations gauloises, je ferai observer que M. Bailly, qui a séduit les hommes de son siècle, plutôt par son style que par sa science vraie et réelle, et que les terroristes ont immortalisé, finit ainsi sa lettre au philosophe de Ferney, sur cette question même :

« Les géans, les Dives, les Atlantes, pour« raient bien n'être qu'un seul et même peu« ple....... Mais, à l'égard des progrès des « sciences et des arts, je vois ces progrès..., « mais je n'en vois pas positivement les au« teurs : ces auteurs, monsieur, seront ceux

« des trois peuples que vous voudrez, etc. »

J'ai rappelé toutes ces opinions, afin de préparer le lecteur, et surtout la jeunesse, à prendre une plus juste idée de l'ancienneté et du renom des Gaulois, contre lesquels on est si généralement prévenu dans les écoles et dans le monde.

Au temps de Jules-César, les Gaules étaient partagées en trois grandes divisions, qu'on nommait *la Celtique, la Belgique,* et *l'Aquitainique.* Strabon n'a rien changé à cette division laissée par Jules-César. Dans le monde, cependant, et aux académies, on donne le nom de *Celtes* à tous les Gaulois. Pour se désabuser, il suffirait de lire César, Tite-Live, et après eux Strabon, Ammien Marcellin et Cluverius (1). Je suis donc bien fondé à appeler *Gaulois* les peuples de toutes les parties des Gaules.

Les érudits, qui, en général, ont plutôt détourné des voies de la science qu'ils n'ont

----

(1) *Celtarum pars, Galliæ tertia est.* (Tit.-Liv.)
Celtæ qui linguâ nostrâ Galli appellantur. (Cæs.)
Omnis Gallia in tres partes, Belgæ, Aquitaini, tertiam qui Celtæ... Galli appellantur. (Plat.)
Celticam quam ubique Gallos appellat. (Cæs., Cluv.)

TABLEAU PROPRE A SERVIR DE MODELE POUR CADASTRER SOMMAIREMENT UN PAYS.

PAYS.	NOMS DES LIEUX.				NOMBRE des MAISONS.	MOULINS		NOMBRE DES HABITANS.				VOITURES		BESTIAUX — CHEVAUX			BÊTES À CORNE ET À LAINE			ASPÈCE, QUANTITÉ ET QUALITÉ DES TERRES																				ESPÈCE de COMMERCE.	PRODUCTIONS PARTICULIÈRES.				OBSERVATIONS.
	Villes.	Bourgs.	Villages.	Hameaux.		à eau.	à vent.	Hommes.	Femmes.	Enfans.	Vieillards et infirmes des deux sexes.	Carrosses.	Charrettes.	de trait.	de selle.	poulains.	Bœufs.	Vaches.	Moutons.																						Espèce.	Quantité.	Qualité.	Emploi.	

porté à y entrer, se sont exercés à trouver des définitions aux mots *Celtes* et *Gaulois;* mais je veux épargner au lecteur ces tristes argumentations. Il est tout naturel que les Celtes, plus nombreux et plus puissans, aient été plus entreprenans, et que se donnant eux-mêmes le nom de *Celtes*, les étrangers les aient ainsi nommés. Les Grecs, vers lesquels il faut toujours recourir pour trouver des origines, ont nommé les Gaulois *Galates* (1). Cette question, au surplus, dans les temps actuels, est toute jugée par un fait universel. Dans tout l'Orient, ne donne-t-on pas le nom de *Francs* aux Espagnols, aux Anglais, aux Portugais, aux Vénitiens, etc.?

La Celtique, d'après César, comprenait le Berri (2), l'Auvergne, la Bourgogne, la Champagne, l'Orléanais, la Touraine, la Bretagne, la Normandie, la Séquanie, la Marche, le Limousin; Lyon en était la capitale.

---

(1) Γαλαται. (Cluv.) *Gallos a Græcis, Cellas vocatos.* (Strab., l. 7.)

(2) La cité des Bituriges était en possession de donner des rois à la Celtique : *ii regem Celtico dabant.* (Tit.-Liv., l. 5.)

L'Aquitainique, le littoral de l'Océan, jusqu'à la Loire ; Bordeaux en était la capitale.

La Belgique, les provinces du nord, jusqu'au Rhin ; Reims en était la capitale.

Examinons maintenant ce que furent les Gaulois, qu'on se plaît encore à dire des barbares, et aux armées desquels, en académie, on donne le titre de *hordes.*

Un même culte, un même régime de vie, *et des lois égales* (1), régissaient toutes les Gaules ; il y avait cependant presqu'autant de nations que de contrées, variées par des climats, des sites, des forêts, des chaînes de montagnes, des laisses de mer, des fleu-ves, ou par des marais (Josephe en compte trois cents.) (2).

Chaque nation avait son roi ; il était élu pour un an. « Le roi, dit Pasquier, était, *sans plus,* « *annuel;* et, pendant son magistrat, il ne lui « était loisible de vider les fins du pays. »

« Les rois des Gaulois, dit César, n'étaient « que les premiers parmi leurs *égaux : primi* « *inter pares.* »

---

(1) Les lois des Douze-Tables n'avaient pas ce caractère.

(2) Strabon donne lui-même, en général, le nom de *Celtes* aux Gaulois : Κελτική.

Malgré les rigueurs des climats et des températures, les Gaulois étaient parvenus à une grande population ; les forêts, les rivières et les mers leur fournissaient abondamment des vivres. Ils furent d'abord chasseurs ; une plus grande population les rendit pasteurs ; la chasse les rendait forts et vigoureux ; et leur religion, honorant au plus haut degré la bravoure et les combats, ils devinrent dans la suite éminemment guerriers.

Tant de nations et tant de chefs durent bientôt faire la guerre : ainsi le veut le Destin impitoyable, jeté au milieu des hommes sur la terre. Les apparitions de quelques peuples voisins, la certitude, d'après les rapports, de trouver des climats plus doux et des pays plus riches, donnèrent promplement aux Gaulois l'idée de faire des excursions et du butin, qui avaient d'autant plus de prix pour eux, qu'on flattait à la fois leur passion pour les combats, leur orgueil et leur vive curiosité, trois choses qui constituaient principalement leur caractère.

Dans un tel état, la mère-patrie dut bientôt laisser échapper de son sein de nombreux et formidables essaims. On ne peut dire l'époque des premières émigrations ; car il paraît démontré qu'il y en avait eu avant celle d'Ambigat. On en trouve des indices en Phrygie, par les usages, les mœurs et le dialecte (1).

Le savant Gebelin lui-même, après avoir comparé les anciens dialectes phrygien, grec et galate, a regardé la langue gauloise celtique comme la primitive de l'Europe et d'une grande partie de l'Asie. Quels argumens des étrangers et nos savans pourraient-ils opposer à ce travail approfondi de Gebelin? «Il en a parlé ainsi, disent-ils, parce qu'il était Français. » Avec un tel raisonnement, toute discussion est inutile.

Callimaque (2), grand poëte et non moins philosophe, a dit, dans son Hymne sur Délos, que les Celtes avaient ravagé la Grèce et l'Asie.

Ephore, cité par Strabon et par Cluve-

-----

(1) *Galli, linguâ patriâ in Asiâ usi sunt.* (Falc., *de Ling. Wall.*)

(2) N'est-il pas bien singulier que ce poëte prédise que les Gaulois viendront subjuguer la Grèce? Un poëte de nos jours pourrait prédire que les hommes du nouveau monde domineront à leur tour ceux de l'ancien, à commencer par l'Espagne.

rius, déclare que les Celtes avaient envahi toute l'Europe (1).

Lucain a dit, avec une sorte d'ironie, que les Arverniens se disaient plus anciens que les Phrygiens, et issus d'Ilion (2).

On sait que les Gaulois n'ont confié qu'à la tradition leurs dogmes, leurs lois et leur histoire. « Cette malheureuse opinion, dit « Pasquier, ennemie de l'immortalité de nos « noms, a été cause que l'honneur de nos « bons vieux pères est demeuré enseveli de- « dans le tombeau d'oubliance. »

Mais les Grecs, jusqu'au sixième siècle avant l'ère vulgaire, ont imité les Gaulois. Les Indiens ont ignoré plus long-temps l'art d'écrire (3).

Les Romains, si fiers de leur gloire, ont

---

(1) *Gallorum natio adeò populosa..... Ut in diversas ac longinquas mundi regiones, colonias deducère..... Ex his in Asiam, nomenque Galatiam.* (Cluv.)

(2) . . . .
Arvernique ausi Latio se fingere fratres
Sanguine ab Iliaco populi. . . . . .
(Lucain.)

(3) *Indi... litteras nesciunt, memoriter omnia adminis-trant.* (Strab., I. 15.)

voulu faire croire qu'ils étaient sortis d'Ilion.
Tite-Live, si flatteur, n'a-t-il pas dit que la
tradition fut pendant long-temps la gardienne
des faits mémorables (1)?

Les Gaulois, plus constans, et plus confians envers leurs prêtres, ont, de siècle en
siècle, et presque jusqu'à César, repoussé
l'invention de l'écriture; de sorte qu'aujour-
d'hui, n'ayant de foi qu'aux écritures, aux
médailles et aux monumens, on s'obstine à
ne croire rien de vrai et d'honorable sur les
Gaulois. Accusant sans cesse les druides d'i-
gnorance et d'impostures, les aristarques,
égarés ou prévenus, ne veulent pas considérer que partout, à Thèbes, à Memphis, à
Héliopolis, les prêtres, comme les druides,
étaient chargés d'écrire l'histoire des nations.

Pasquier, que j'ai pris pour guide, et qui
fait ma foi historique, reconnaît que les Gaulois, comme les plus anciens peuples, ne
faisaient registre que dans leur mémoire; il
se plaint « de ce que nous n'en avons con-
« naissance que par emprunt, et encore par

_____

(1) *Rare per eadem tempora, litteræ; una custodia,
fidelis memoria rerum gestarum.* (Tit.-Liv., l. 8.)

« histoires qui nous sont prestées en mon-
« naye de si bas aloy, qu'il nous eust été
« plus utile ne recevoir tels plaisirs que de
« voir publier nos victoires, avecques tels
« masques qu'elles ont. »

Sans Pasquier, je le déclare, à peine eus-
sé-je osé mettre les Gaulois sur la scène de
l'histoire, rappeler leurs conquêtes et célébrer leur valeur, leur caractère et leurs qualités ; car dans le monde et dans l'éducation
nationale, on signale imperturbablement les
Gaulois comme des barbares ignobles. Il est
donc indispensable d'en retracer ici le portrait ; on le croira fidèle, car les traits et les
couleurs me sont fournis par les auteurs
étrangers.

Ammien Marcellin dit que les Gaulois
avaient une haute taille ; qu'ils avaient la peau
blanche, les cheveux blonds, et le regard
farouche ; qu'ils aimaient les querelles, et
qu'ils étaient extrêmement fiers. Dans une
querelle, si la femme d'un Gaulois vient à
son secours, elle enfle son gosier, grince
des dents, découvre ses bras, blancs comme
la neige, et se met à jouer des poings. « Les
Gaulois, continue-t-il, aiment démesurément
la guerre ; ils la font à tout âge ; le vieil-

lard (1) comme le jeune : endurcis par des exercices violens, ils résistent à tout. »

Jules-César, toujours juste et vrai en ce qui regarde les Gaulois, les dit prompts dans leurs résolutions, impétueux dans l'attaque, et se rebutant facilement ; emportés, téméraires, curieux à l'excès ; ils sont néanmoins *les plus civils* des barbares ; ils se font remarquer par leur propreté, et ils ont du goût dans tout ce qu'ils font.

Claudien dit que les Gaulois portaient des cheveux longs, et que par la longueur on jugeait des rangs. Ils se servaient d'une pommade pour rendre leurs cheveux roux ; aux combats, ils les relevaient sur le haut de la tête, ce qui lui a fait dire *Gallia crine ferox*.

Agathias en adoucit un peu les traits. « Ils ont la tête haute, les cheveux blonds, les yeux bleus, une belle taille, le regard farou-

___

(1) Vertisque, général de la cavalerie gauloise, était si vieux, qu'il ne pouvait se tenir à cheval ; mais c'eût été une honte pour lui de refuser le commandement. Jules-César fait observer que c'était une règle de devoir et d'honneur chez les Gaulois... *Vix equo propter œtatem... consuetudine Gallorum*. (Lib. 8, *de Bell. civ.*)

Ajoutons nous-mêmes que c'était pour eux un déshonneur irrévocable que d'abandonner son chef.

che; ils sont querelleurs, jaloux, curieux, humains, hospitaliers ; ils rendent leurs cheveux roux avec du suif et de la cendre de hêtre. Dans les solennités, les grands garnissent leurs cheveux de poudre d'or. »

Strabon, le Danville des Romains, en peint le caractère avec impartialité; il dit : «Toute cette nation celte, galate et gauloise, est belliqueuse et terrible, ardente aux combats, et, du reste, d'un caractère plein de candeur et de simplicité : les mauvaises mœurs lui font horreur (1).»

Florus, encore frappé de la terreur que les Gaulois avaient inspirée aux Romains, les signale d'inspiration, comme des barbares féroces et d'une stature énorme, combattant avec des armes d'une grandeur extraordinaire (2).

Robert Cœnalis, évêque d'Avranches, qui

---

(1) *Hæc natio quæ nunc Celtica et Gallatica et Gallia appellatur, bellicosa est et ferox, ad pugnam prompta... Ad cœterum, ingenio candido et simplici, et ab improbis moribus abhorrent.* (Strab., édit. d'Oxford.)

(2) *Gens natura ferox..... Corporum magnitudine, ingentibus armis, adeòque terribilis, ut..... ad interitum,* (Flor., l. 1.)

sans doute avait puisé à bonne source, les signale ainsi : « Ils ont une âme de feu, un cœur noble ; ils sont curieux, gais, vifs, et ils aiment les festins (1). »

Quant à leur taille, César a fait la remarque que, sous ce rapport, ils méprisaient les Romains (2). Il réitère la même observation, dans ses Commentaires, sur les Gaulois et les Germains (3).

Tacite avoue leur bravoure (4).

Sidoine Apollinaire trouvait dans les Gaulois le type le plus juste de l'ancienne coudée. Cette considération pourrait servir à expliquer plusieurs causes de dégénérations résultant des excès de la domesticité dans la vie habituelle et dans l'éducation ; elles sont telles, que les Gaulois, comme certains ani-

----

(1) *Ignea mens Gallis, nobile pectus, rerum sitibundi novarum, lœti, alacres, et in convivia proni.* (Rob. Cœn.)

(2) *Nam plerumque omnibus Gallis, pro magnitudine corporum, brevitas nostra contemptui est.* (Cæs., *de Bell. Gall.*)

(3) *Galli Germanique fortiter resistentes... Horum corpora, mirificá specie amplitudineque, jacebant.* (Id., *de Bell. Afr.*)

(4) *Gentes periculorum avidas.* (Tac., 1. 5.)

maux, semblent avoir eu une existence ou des formes gigantesques.

Si nous ne voyions pas que les auteurs les plus recommandables ont signalé les Gaulois comme des hommes extraordinaires par leur taille et par leurs forces physiques, on pourrait ici, sans conséquence, les faire participer à la fable des géans, qui a fait le tour du monde. Florus, Agathias, Jules-César, Tacite, Tite-Live, sont d'accord sur les grandes proportions de leur corps, et sur la réalité de leurs formes athlétiques. Telles sont les expressions de Florus : *Corporum magnitudine;* celles de Tacite et de Tite-Live : *Immensæ proceritatis.....* Tel est encore l'aveu de César, que les Gaulois faisaient peu de cas des Romains, parce qu'ils étaient de petite taille.

L'Ecriture sainte elle-même a accrédité l'histoire ou la fable des géans. Les Grecs, et les rabbins ensuite, ont fait donner une créance à cette opinion ; il y a une épître de saint Paul aux géans.

On a écrit, comme un fait d'histoire, que les hommes les plus grands de la terre étaient les Phrygiens, qu'on surnommait *les colosses.* L'erreur sur la taille se fût moins long-temps prolongée, si l'on se fût mieux entendu sur les significations réelles des signes de convention pour les mesures ; car, après avoir pris ce soin, il en est résulté que tous ces géans avaient cinq pieds sept à huit pouces. Telles ont été les déductions faites sur la coudée et la palme.

Des hommes qui semblent suscités pour le maintien des erreurs, ont ensuite argumenté de certains débris d'animaux qu'ils ont imputés à la race des géans. Saint Augustin a même confirmé toutes ces erreurs, en disant qu'il avait vu de tels géans. Mais la science vraie a déclaré que ces os avaient appartenu à des éléphans ou à des cétacées.

Que vont dire nos historiens parisiens et nos philosophes romantiques, du parallèle qui a été fait par maints auteurs, entre les Gaulois et les Spartiates ?

Les Gaulois, d'habitude, portaient les cheveux longs : tels les portaient les Spartiates (1).

Les Celtes (c'est-à-dire les Bas-Bretons)

---

(1) Platon raillait les Lacédémoniens, parce qu'ils portaient leurs cheveux longs.

portaient un bonnet dont la forme ressemblait à la moitié d'un œuf; c'était précisément le bonnet des Spartiates.

A la chasse, à la guerre, les Gaulois portaient un habit court; il était aussi celui des Spartiates.

Ces derniers se disaient issus des Titans ; et, pour leur ressembler, ils portaient sur leurs vêtemens des bandes couleur pourpre. Les Gaulois avaient la même prétention. Callimaque et Orphée l'affirment pour les uns et pour les autres. *Vaincre ou mourir* était le cri des deux peuples, et, pour la liberté, la passion était la même.

Les Spartiates sont réputés les plus braves de la Grèce. Nul peuple n'a surpassé les Gaulois en bravoure. « Les soldats gaulois, dit Pausanias, étendus sur le champ de bataille, tiraient les flèches de leurs corps pour en assaillir encore l'ennemi. » (M. Denon a vu faire la même chose à des soldats français en Egypte.)

Les Gaulois regardaient comme une faiblesse de s'enfermer dans des toits ou des forts : les Spartiates pensaient ainsi (1).

----

(1) *Armis, non muris se defendunt Spartani.* (Just.)

Les Spartiates n'ont confié qu'à la mémoire leurs lois, leurs dogmes et leurs exploits. Les Gaulois, sur ce point, ont encore été plus long-temps sévères.

Les Spartiates étaient extrêmement brefs dans leurs discours : cette remarque a été faite généralement sur les Gaulois.

Le mets par excellence des Gaulois était le porc, qu'ils nommaient *sic sic :* les Spartiates l'ont toujours préféré, et ils le nommaient Σιχα.

La bouillie était chère aux Gaulois ; elle ne l'était pas moins aux Spartiates.

Les Gaulois, de règle, plongeaient leurs enfans nouveaux-nés dans l'eau froide : les Spartiates ont pratiqué le même usage.

Dans les calamités, les Gaulois sacrifiaient des victimes humaines ; dans les mêmes circonstances, les Lacédémoniens ont ordonné de tels sacrifices.

On doit convenir du moins qu'une telle identité sur des points aussi essentiels, et dont chacun peut vérifier les réalités, donne aux Gaulois un très-beau relief, et quand même elle serait l'effet du hasard. Ceux qui ont fait ces rapprochemens, et qui ne les ont pas pris sans doute dans leur imagination, ont dit

des choses plus raisonnables que certains auteurs anglais, qui, après avoir nié les Gaulois
leurs ancêtres, ont voulu faire considérer les
Lacédémoniens comme une colonie de Juifs,
parce qu'on observait à Lacédémone les mêmes usages que les Juifs, relativement à la
lune : c'est ainsi qu'on écrit l'histoire dans
Albion.

Dans l'histoire des Gaulois, Marseille est
toujours citée comme un foyer de lumières
qui a éclairé et civilisé même toutes les Gaules. Ainsi, dans l'opinion courante, et même
dans celle de Marseille, la fondation de la
cité serait due à une colonie de Phocéens.
J'ai déjà donné un aperçu sur l'erreur dès
historiens à ce sujet, dans l'introduction qui
précède, mais il convient de donner ici de
plus amples développemens.'

Charron, s'appuyant sur le témoignage du
fameux Pythéas, célèbre géographe et navigateur, né à Marseille, pensait que cette ville
avait été fondée par des Gaulois, et dans laquelle s'étaient rendus les Phocéens, que la
tyrannie avait forcés de s'expatrier. Pythéas
était contemporain d'Aristote ; il était renommé chez les Grecs et chez les Romains ;
son opinion, il me semble, doit prévaloir

sur celle du vulgaire. On trouve de la justesse et des probabilités raisonnées dans les motifs qu'il donne ; il dit que les Gaulois, comman-dés par Galatée, passant à Phocée, dont les habitans étaient vexés par les intendans de Cyrus, avaient proposé aux Phocéens de les suivre, en leur assurant qu'ils trouveraient aux bords de la mer même un territoire où ils pourraient s'établir ; qu'ils s'étaient déci-dés à suivre les Gaulois, et qu'ils avaient pris terre en un lieu qu'on nommait *Maz*, et dé-pendant de la nation des Saliens ; que leur établissement avait pris le nom de *Maz-Salia*. Ce fait se concilie avec l'observation d'Hé-rodote, qui signale les Phocéens comme le peuple le plus fier et le plus jaloux de la li-berté qu'il y eût dans toute l'Asie, et qui supportait le plus impatiemment le joug des Perses.

Cet évènement si naturel, et qui existera toujours, tant qu'il y aura sur terre des asiles sûrs pour la liberté, est presque *certioré* par une colonie de Phéniciens, qui également s'at-tacha à des Gaulois, pour venir s'établir au bas des Pyrénées. On veut même que les ar-mes de la Navarre en soient un signe distinc-tif. Je ne puis citer des auteurs, mais telle est du moins la tradition du pays navarrin.

Les plus anciennes villes d'Italie, d'après Tite-Live, Polybe, Justin, Valérius, Lucain, ont été fondées par les Gaulois. Vérone, Aquilée, Milan, Trente, Crémone (1), etc. Tite-Live et Polybe ont eu la même opinion.

Les peuples de Vérone et de Crémone ont été long-temps nommés *Cenomani*, parce que leurs villes avaient été fondées par des Celtes du Maine.

La Ligurie a été également une colonie gauloise ; Tite-Live n'en fait pas même un doute. Dion Cassius a fait observer que les Liguriens avaient été les derniers peuples de l'Italie, qui avaient porté les cheveux longs comme les Gaulois, et qu'on les désignait ainsi : *Ligures criniti.* Lucain a confirmé la même remarque (2).

Pline a toujours regardé les Ombriens

---

(1) *His autem Gallis..... sedibus tuscos expulerunt et, Mediolanum, Comam, Brixiam, Veroniam, Bergamum, Tridentum, Vicentiam condiderunt.* (Just., l. 20.)

(2) *Ducentis quippè annis antequam Clusiam oppugnarint... In Italiam, Galli transcenderunt... Sed multi antè cum iis, sæpè exercitus Gallici pugnaveré.* (Tit.-Liv., l. 5.)

Nunc tonse Ligur, quondam per colla decora crinibus effusis. (Ph. Luc.)

comme le peuple le plus ancien de l'Italie; Solin confirme cette opinion (1). Servius a dit le même fait, et par les mêmes expressions (2). Jornandès le redit également (3).

Valérius dit qu'on ne trouve nulle part, en Italie, autant de monumens celtiques que dans l'Ombrie (4).

Le savant Merula, si connu par ses Recherches sur l'origine des langues, a déclaré que, depuis les Alpes jusqu'à l'extrémité de l'Ombrie, la langue était d'origine celtique.

N'est-il pas affligeant que, sans causes ni motifs contraires, les historiens français modernes s'obstinent à faire considérer les Gaulois comme des barbares vils et avilis, sans lois, sans civilisation, et comme des êtres sauvages et féroces, quand les Romains,

---

(1) *Gens antiquissima Umbrorum.* (Pline.) *Umbros Gallorum propaginem esse. Nullibi in tota Italia... Tot monumenta antiquitatum, quam in agro Umbrorum... Celtici generis.* (Val., l. 1, c. 6.) *Umbri... Gens veterum Gallorum propago.* (Saint Isidore)

(2) *Gallorum Umbros propaginem.* (Serv.)

(3) *Gallis progenitoribus Umbrorum.* (Jornand.)

(4) *Nullibi, in tota Italia, Gallica tot reperiuntur monumenta, quot heic, tam in ipsa urbe, quam in agro passim.* (Val., l. 1.)

leurs ennemis nés, déclarent unanimement
les éminentes qualités des Gaulois, sous le
rapport des mœurs, des vertus, des sciences
et de la valeur? Loin de s'amender contre de
telles erreurs, on les répète, on les aggrave
dans tous les livres nouveaux, sur tous les
théâtres, dans tous les salons; que dis-je?
dans les discours de législature, dans les
académies, les Gaulois sont signalés *comme
des barbares* (1); ils sont le piédestal perpétuel sur lequel on élève la gloire et le triom-

____

(1) Faisons observer, une fois pour toutes, que l'épithète de *barbare*, dans les temps anciens, n'avait rien
d'odieux. Pour les Gaulois, les Romains étaient des barbares; pour les Romains, les Macédoniens et les Perses
mêmes étaient des barbares; les poëtes grecs et romains
ont à l'envi prodigué cette épithète aux Gaulois; Alexandre appelait les Gaulois de son armée ses *barbares;* les
Francs, pour l'empire, ont été des barbares; Clovis ne
s'en offensait pas. En général, pour les belligérans, tous
les peuples étrangers qui survenaient étaient des barbares.
Les Grecs nommaient *barbares* tous ceux qui ne parlaient
pas leur langue; Plaute disait qu'il avait traduit une co-
médie des Grecs en langue barbare, c'est-à-dire en latin.
C'est donc à tort que, dans l'acception commune, le Dic-
tionnaire de l'Académie fait de ce mot l'équivalent de
cruel ou d'*inhumain*. Les Gaulois ne s'en offensaient point,
parce que, pour eux, c'était un synonyme de *fort* et *va-*

phe des Romains. Voyez les gravures de Camille et de Brennus, et au théâtre les pièces de *Germanicus* et de *Régulus*. Je n'espère point soulever le poids immense qui pèse sur les Gaulois nos aïeux, mais je me fais un devoir de poursuivre leur histoire, selon qu'elle est établie par les auteurs étrangers ; mes recherches pourront peut-être faciliter le travail de l'Hercule nouveau qui entreprendra de produire un jour les faits et gestes des Gaulois nos aïeux.

Combien on doit regretter la perte des œuvres de Timagène, qui, selon le témoignage d'Ammien Marcellin, un des auteurs les plus véridiques, avait fait une *Histoire générale des Gaulois!* Quel peuple méritait mieux un historien, lui qui a tenu l'Asie, l'Afrique et l'Europe entière, depuis le Caucase, jusqu'aux colonnes d'Hercule!

---

lcureux. Platon, en convenant que la langue grecque s'était enrichie de plusieurs mots des Celtes, ne les considérait pas sans doute comme brigands, sauvages et sanguinaires. Il dit : *Nos a Barbaris plurima vocabula.* (Dialog.)

Nos écrivains n'ont de mémoire et d'émulation que pour aggraver et calomnier les Gaulois, et pour louanger les Romains, desquels pourtant le poëte courtisan a dit dans une ode : *Roma ferox, dare jussa Medis.*

CHAPITRE II.

La grande émigration des Gaulois, Celtes et autres, sous Ambigat,
roi des Bituriges, au temps de Tarquin l'ancien. — Deux armées
en sont composées; l'une marche vers le Rhin, l'autre vers l'I-
talie. — Opinion raisonnée de l'historien Pasquier sur cette mémorable expédition. — Deux siècles après celle d'Ambigat, il se
forme une autre irruption de Gaulois; Brennus les commande;
il entre en Italie, et prend la ville de Rome, à laquelle il impose une rançon de mille livres pesant d'or. — Circonstances de
ses victoires et de la capitulation avec le Sénat de Rome. — Le
trait de Camille est une fable, ainsi que le combat de Manlius.
— Partialité de Tite-Live. — Suite des préventions qui en sont
restées parmi les lettrés français, et dans les écoles. — Alexandre reçoit des ambassadeurs gaulois; leur réponse. — Victoire
des Romains sur les Gaulois.

Tout annonce et fait présumer qu'il y a
eu des émigrations de Gaulois antérieures
à celle d'Ambigat. César déclare, dans son
sixième livre, que les Gaulois avaient été plus
puissans et plus nombreux que les Germains, et qu'ils avaient peuplé la Germanie.
Cette opinon est précieuse, en ce qu'elle
donne aux Francs une origine gauloise; c'é-

tait d'ailleurs l'opinion du géographe Eustathe, et celle de Tacite. Strabon, après eux, s'est fondé sur l'autorité d'Egésinax, en déclarant que les Gaulois avaient traversé toute l'Asie (1). Mais puisque les preuves nous manquent, il faut s'en tenir à cette dernière émigration. On fixe généralement au temps de Tarquin l'ancien, la grande émigration dont Ambigat, roi des Bituriges, fut le promoteur, dans la quarante-unième olympiade, 590 ans avant Jésus-Christ. George Merula s'en exprime ainsi : « Au temps de Tarquin l'ancien, Ambigat, roi des Celtes, pour soulager son royaume de sa trop grande population, envoya ses neveux, Bellovèze et Sigovèse, avec une nombreuse armée, pour chercher hors des Gaules des demeures nouvelles (2). » Tite-Live a donné les mêmes motifs (3). Cluverius, d'après les anciens,

---

(1) *Gallos ex Europá in Asiam trajecisse.* (Strab., l. 13.) *Galli, in Asiam... petivere.* (Cluv., *in Germ. antiq.*)

(2) *Per tempora Tarquinii prisci, Ambigatus, Celtarum rex, ut regnum prægravante populo exoneraret, Sigovesum et Bellovesum ex sanguine genitos, magno hominum excitato numero, ad sedes novas quærendas, e finibus Galliarum emisit.* (Georg. Merul., l. 1.)

(3) *Exonerare, prægravante turbá cupiens.* (Tit.-Liv.)

indique la marche de cette grande colonie (1).

L'appel d'Ambigat pour une expédition lointaine, eut le plus grand succès ; chez toutes les nations gauloises, il lui suffisait d'annoncer de la gloire et des pays riches ou nouveaux à conquérir. Les colonies de chaque nation se rendirent auprès d'Ambigat, dans les plaines de Bourges. Les Eduens, les Arverniens, les Sénonnais, les Bellovaques, les Boïens, les Armoriques, etc., y députèrent l'élite de la jeunesse et des guerriers.

Deux grandes armées en furent composées ; le commandement en fut donné à Bellovèse et à Sigovèse ; les augures déterminèrent les points de départ (2). Chaque na-

---

*Ducentis quippè annis antequam Clusium oppugnarent....
In Italiam Galli transcenderé sed multò antè..... Sæpè
exercitus Gallici pugnaveré.* (Tit.-Liv.)

(1) *Galli... Exundans domi multitudo , patriá relictá ,
exteras petivere regiones ; parte eorum in Italiam , parte
in Illyricum , atquè indé in Græciam et Asiam , parte
in Germaniam delata.* (*Ex Antiq. Germ.*, Cluv.)

. (2) *Bellovesum et Sigovesum missurum... In quas dü
dedissent sedes auguriis.* (Tit-Liv., l. 5.)

tion avait ses druides; les troupeaux, les chariots de famille suivaient l'armée.

Sigovèse se dirigea vers le Rhin; il laissa une colonie de Boïens dans la plaine que baigne l'Elbe, et que cerne la forêt d'Hercinie (1).

L'arme ordinaire des Gaulois était une longue lance, et pour la cavalerie une framée, sorte de javelot qu'ils lançaient sur l'ennemi. C'est du moins le témoignage de Pausanias, celui de Plutarque et de Polybe.

Bellovèse prit le chemin de l'Italie (2). A son approche, les Marseillais envoyèrent des députés, pour le prier de ne pas faire de butin dans leur cité : Bellovèse le promit. Ce fait seul prouve que les Gaulois n'étaient pas des brigands; il eût mérité de la reconnaissance de la part de Marseille; mais la générosité de Bellovèse y a été constamment méconnue.

Les Alpes n'arrêtèrent point la marche des Gaulois ; tous nos historiens ont gardé le silence sur cette audacieuse entreprise, et ils n'ont pas assez de voix encore pour cé-

______

(1) *Sigoveso, sortibus dati Hercinii saltus.* (Tit.-Liv.)
(2) *Belloveso, in Italiam, viam.* (Ibid.)

lébrer le passage d'Annibal. Justin a dit, à ce sujet : « La nation gauloise est âpre, audacieuse, belliqueuse ; elle est la première, depuis Hercule, qui ait osé affronter les sommets glacés des Alpes (1). »

Bellovèse couvrit de soldats et de colonies les belles plaines de l'Italie, et des villes s'éleverent où il fixa ses camps. On vit se réaliser le plus beau plan de campagne qui ait jamais été conçu. Les deux frères pouvaient s'entendre et correspondre de l'Eridan au Bosphore, et du Bosphore au Rhin et à l'Océan. La Pannonie, la Bulgarie, l'Illyrie et la Grèce subirent le joug des Gaulois ; l'Asie même en conçut de vives alarmes.

Quelques rois se mirent en défense ; leurs armées furent exterminées, et les victoires des Gaulois portèrent la terreur jusqu'à la chaîne du mont Taurus. Bellovèse laissa de nombreuses colonies en Grèce et en Asie. De tels plans, des marches aussi rapides, des victoires aussi décisives, ne prouvent-elles donc pas que déjà les Gaulois connais-

---

(1) *Gens aspera, audax, bellicosa, quæ prima, post Herculem... Alpium invicta juga et frigore intractabilia loca transcendit.* (Just., 1. 24.)

saient les contrées qu'ils venaient d'occuper, ou qu'ils voulaient conquérir ?

Rome, à peine fondée, n'était pas encore digne du regard et des armes des Gaulois.

Carthage seulement commençait à apparaître aux nations de l'Occident.

Il est pénible, pour tout vrai Français, de ne pouvoir pas suivre la marche historique d'un peuple qui avait déjà fait de si grandes choses, et avant même qu'il fût question de Romains dans le monde.

D'après nos historiens, l'ère des Gaulois est presque ensevelie ; le mépris de l'opinion la fait effacer chaque jour. En vain les auteurs grecs et latins offrent les Gaulois comme un grand peuple ; tous nos historiens les repoussent ou les avilissent ; la jeunesse studieuse les croit sur parole, et de génération en génération elle s'élève dans cette odieuse et injuste prévention. Il semble que nos lettrés ont honte de ce qu'on dise que l'empire des Gaules a précédé le royaume de France. Devait-on s'attendre que M. Fourrier, qui doit sa réputation à l'ère de la liberté, à ses connaissances en mathématiques, à son amour pour la patrie, renierait ou dédaignerait aussi de nommer les Gaulois, qui ont occupé de leur gloire l'Egypte, la Grèce et l'Asie mineure? Je me borne à en faire la remarque ; et, crainte de récriminations, je me hâte de me ranger sous l'égide de notre respectable et vertueux Pasquier. Il dit :

« Sur tous les peuples qui se sont adonnés « à courir l'univers, l'on en peut, à mon ju- « gement, donner le plus ancien lieu aux « Gaulois......... Et vrayment, quant à nos « Gaulois, il fut une saison qu'ils establirent « en tant de régions leurs conquêtes, que « pour cette occasion plusieurs gens appelè- « rent indifférement l'Europe sous le nom de « *Celte* ou *Gaulois,* qui se rapporte l'un à « l'autre.....

« En la plupart de toutes les contrées de « l'Europe, les Gaulois avaient eu des vic- « toires, et bien souvent avecques leurs vic- « toires, planté leurs noms.

« Ils fichèrent aussi leurs demeures dans « la Germanie, et vers la côte de la forêt « Hercinie ; non contents de ce pays, conti- « nuèrent leurs conquêtes jusques en la Scy- « thie (comme en font foi les Celto-Scythes), « et aux Espagnes, ainsi que nous pouvons « tirer des Celtibères, peuples, au rapport « de Plutarque, extraicts du viel tige des

« Gaulois, s'estant vus mesmement com-
«'mander à une partie de l'Italie, de la Grèce
« et de la Phrygie ; tellement qu'ayant fait
« sonner leurs victoires en une Germanie,
« Scythie, Espagne, Grande-Bretagne, Italie,
« Grèce et Bithynie, il ne faut trouver trop
« étrange, que non seulement les Grecs, mais
« aussi quelques autres qui nous attouchaient
« de plus près, confondissent soubs ce nom
« *Gaulois*, les autres peuples qui dépendaient
« de la grandeur d'eux.

« De notre Gaule, comme d'un grand ar-
« bre, s'estait estendu le branchage parmy
« toute cette Europe..... Or, entre tant de
« conquêtes...., si n'en avons nous instruc-
« tion, que par les mains de nos enne-
« mis.

« La première est cette grande expédi-
« tion qui fut faite sous Ambigat, roi de
« Bourges, quand Bellovèse et Sigovèse, ses
« neveux, prindrent la part par sort en par-
« tage ; l'une le pays d'Italie, et l'autre celui
« de la Germanie, leur succédant toujours
« leur entreprise si heureusement, que cha-
« cun d'eux, sans grand destourbier, prist la
« terre où il avait projeté, éternisant dans
« chaque pays, par la fondation des villes

« qu'ils y bâtirent, la mémoire des nations
« qui s'estaient avecques eux acheminées à si
« noble voyage....

« A manière que les Vénitiens... prindrent
« leurs noms du peuple de Vannes....... Si
« est, ce que Polybe attestait........., qu'ils
« avaient pris leur ancienne origine de nous,
« chose à laquelle condescend volontaire-
« ment Strabon. Les Gaulois, de leurs pro-
« pres forces et sans armes auxiliaires, sub-
« juguant toute l'Europe.... En cette façon,
« pour retourner sur mes arrhes, conquirent-
« ils l'Italie et aussi la Germanie...., meirent
« la ville de Rome à sac, et sous Brennon
« occupèrent-ils...... la Grèce, la Bithynie,
« que nous appelons *Natolie*, et fondèrent un
« grand royaume.

« Le nom gaulois était si redoutable au
« peuple romain, que lorsque le moindre
« bruit s'eslevait d'une entreprise gauloise,
« les Romains couraient comme au feu.

« Au regard de la Grèce, y ayant assis
« notre demeure. On récite qu'en toutes les
« grandes entreprises qui se brassaient au
« Levant, les princes avaient vers nous leurs
« recours..., soit qu'il fût question de resta-
« blir en son thrône un pauvre roi dépos-

« sédé, ou de porter coufort et ayde à *quel-*
« *ques peuples désolez* (1).

« Je say bien que quelques *historiographes*
« voulurent anciennement soutenir que tous
« ceux qui s'étaient retirez vers la Grèce
« avaient été déconfits, par la seule provi-
« dence de Dieu, au ravage du temple de
« Delphes, si faut-il bien présumer que la
« calamité ne fut si grande, veu que d'après
« tant de révolutions d'années.., saint Hié-
« rôme...

« En tant que touche Camille, tant rechanté
« par les Romains, et dont à chaque propos
« ils font barrière contre nous..., je croy qu'il
« leur eust été plus séant de s'en taire. »

« Je ne doute pas qu'il semblera à quelqu'uns
« qui presteraient l'œil au présent discours,
« que je me suis destiné à la louange ou dé-
« fense de nos vieux Gaulois, chose que li-
« brement je confesse..., moyennant que ce
« que je dis se rende conforme au vrai, ainsi
« que la nécessité m'y semond; car l'autorité

____

(1) Les Français du dix-neuvième siècle, si fiers de
leur civilisation, ou plutôt les hommes de leur gouvernement, n'ont pas été si généreux que les Gaulois, pour venir
au secours des Grecs opprimés et massacrés.

« de quelques auteurs latins, par longue traî-
« née de temps, insinuée entre nous, ou, pour
« mieux dire, affinée tellement, qu'ils sont
« réputez véritables ; il est fort mal aysé de
« déraciner cette opinion du commun... d'au-
« tant que voulant dénigrer nos victoires,
« pour donner lustre aux leurs... Néanmoins,
« qui confrontera leurs longs propos pièce à
« pièce, trouvera qu'ils monstrent tout le
« contraire (1). »

Jeunesse française, à qui le monde et les écoles n'ont pas encore fermé tout accès à la vérité, que la raison inspire ou éclaire, hâtez-vous de lire Pasquier, que nos historiens et nos historiographes tiennent à l'index, afin de favoriser le débit de tous leurs mensonges ordonnés ou convenus.

Dans l'aperçu que je viens de citer, Pasquier ne s'abandonne point à une simple opinion de prévention pour les Gaulois ; il a lu, médité et confronté les auteurs anciens *qu'il cite*, entre autres Justin, Tite-Live, Polybe, Appian, Josephe, saint Jérôme, Frontin, Caton, Suétone, César : c'est donc sous les auspices de ce sage historien que je vais tâ-

____

(1) *Recherches sur la France*, c. 3 et 4.

Agricul. des Gaulois.

7

cher moi-même, en dépit des écolâtres de
l'histoire et de leurs échos, de faire plus am-
plement connaître une nation qui a occupé
toute la terre, et qui n'est inconnue que dans
son propre berceau.

Au milieu des grands mouvemens des peuples des Gaules, et dans les intervalles de
leurs grandes expéditions lointaines, on doit
nécessairement supposer qu'il y a eu des re-
tours dans la mère-patrie, et qu'ils ont été
même suivis de colonies d'étrangers. Le sentiment inné de la patrie et l'horreur pour le
despotisme en sont déjà des preuves et des
conséquences; mais, avec juste raison aussi,
on peut supposer que les druides, suprêmes
régulateurs des Gaulois, auront fait de communs efforts pour repousser des innovations
au moral et au physique: c'est, au surplus,
l'esprit de tous les sacerdoces; il faut donc
se résigner à n'en parler que sommairement
et par les intervalles des siècles, en s'attachant aux époques reçues, et aux seuls faits
avoués par les écrivains étrangers.

Les Gaulois avaient jeté un trop grand effroi sur la terre et parmi ses rois, pour avoir
quelque chose à craindre; ils ont dû jouir
conséquemment d'un long repos, et leur po-

pulation a dû prendre un grand accroisse-
ment. De nouveaux essaims, électrisés par
le récit traditionnel des exploits de leurs
pères, n'aspirèrent à leur tour qu'à partir, et
à les imiter. L'ardeur pour le butin, et les
mêmes raisons politiques, comme au temps
d'Ambigat, déterminèrent donc une nouvelle
expédition (1). Brennus fut choisi pour en
être le chef; son armée se forma dans le
Sennonais, l'an 387 avant Jésus-Christ, deux
siècles après celle d'Ambigat. Il partit sans
doute des lieux où j'ai commencé cette histoire, car je possède un vase de sacrifice qui
a été trouvé à Sens, et qui, selon le savant
abbé Laire, portait cette inscription : *Pro
salute Brenni.* César, au surplus, a signalé la
cité sennonaise comme une des plus puissantes des Gaules (2).

. Rome déjà levait une tête altière; Brennus
entra dans l'Italie, où il fut d'abord accueilli
par les anciennes colonies gauloises; il marcha sans coup-férir jusqu'à la ville de Cluse:

---

(1) *Namque Galli.... trecenta millia hominum.... miserunt.* (Just.)

(2) *Senonum civitas imprimis firma, et magnæ inter
Gallos auctoritatis.* (Cæs., I. 5.)

elle osa résister, elle fut assiégée et prise.

Brennus marcha sur Rome; les Romains tentèrent de l'arrêter; mais il remporta sur eux une brillante victoire dans la plaine que baigne l'Allia; et bientôt après, Rome subit le sort de Cluse.

Les Romains éperdus se crurent à leur dernière heure; les uns s'enfermèrent dans leurs maisons, s'attendant à y être égorgés ou livrés aux flammes; les autres s'enfuirent à travers la campagne. Les femmes, les vieillards avaient déjà pris le chemin de Véies et d'Ardes; les grands de Rome, les pontifes et les sénateurs se réfugièrent dans le Capitole, avec les faibles débris de quelques cohortes.

Brennus ne daigna pas même les y poursuivre. Celui qui avait franchi les Alpes, leurs glaciers et leurs abîmes, pouvait bien à son gré, et au milieu d'une ville abandonnée, monter à ce tertre, dont l'orgueil des Romains et les poëtes ont seuls fait un rempart inexpugnable. On trouve cependant encore des écrivains qui, toujours partisans de la gloire des Romains, se retranchent eux-mêmes dans le fait, que les Gaulois n'ont pas pris le Capitole. Toutes les circonstances du siège et de la prise de Rome étant connues,

peut-on raisonnablement arguer d'un pareil
fait? peut-on supposer que Brennus eût laissé
les Romains s'y fortifier, ou du moins qu'il
ne les eût pas sommés de se rendre? pourrait-
on dire, en histoire, dans les siècles futurs,
que les Anglais, les Prussiens, après la bataille de Waterloo, n'ont pénétré que dans
l'intérieur de Paris, mais qu'ils n'ont pas osé
attaquer ni prendre Montmartre, qui était
lui même plus imprenable ou fortifié que le
fameux Capitole, dont Brennus, avec raison,
a dédaigné de faire le siége ou l'assaut? Mais
il n'en est pas moins vrai, d'après toute l'histoire, que ce grand évènement a eu lieu
l'an 364 de Rome.

Le sénat d'ailleurs, comme on peut facilement le croire, ne tarda pas à faire des propositions de paix et de clémence au vainqueur; à son humble harangue, il joignit un
argument décisif qui n'a rien perdu de sa
force, et que Brennus attendait lui-même
sans doute (1). Les députés du sénat offrirent
une grande masse d'or et d'argent; Florus
l'évalue à mille livres pesant : il paraîtrait

______

(1) N'est-ce pas encore le calcul d'usage des Turcs, jusqu'alors si chers aux cabinets d'Europe?

que Marseille en donna une partie, ce qui lui fit accorder les honneurs du sénat, et une place distinguée aux spectacles (1).

L'audace et le fait d'armes de Camille ne sont pas plus vrais que le grand service des oies et la témérité de Manlius; mais la fierté romaine, ou plutôt les flatteurs, ont imaginé ces fables pour charmer le peuple et plaire à ses chefs.

Tite-Live a lui-même renchéri sur la multitude et sur les flatteurs; il a recueilli les contes les plus extrêmes et les faits les plus incroyables; il n'a fait grâce d'aucun : ainsi, relativement au Capitole, les oies y étaient préposées par Junon à la garde de la fameuse citadelle : ne redoutant ni les censeurs de l'histoire ni les ornithologistes, il ne craint pas de dire : « Les oies furent de fidèles sentinelles, car Manlius, éveillé par les cris et le bruit de leurs aîles, fit aussitôt prendre les armes (2). »

----

(1) *Aurum et argentum contulerunt Massilienses..... ob quod, immunitas, locus spectaculorum in Senatu et fœdus.* (Just., l. 44.)

Mille auri pondo recessum venditantes. (Flor.)

(2) *Anseres non fefellere, namque clangore alarumque*

Faut-il croire Tite-Live encore, quand il
fait descendre du Capitole Caïus Fabius tenant ses dieux à la main, et traversant les
rangs des Gaulois? Brennus, sans doute, ou
ses compagnons, ont pu facilement permettre cet acte de piété de la part d'un vieil-
lard, annonçant d'ailleurs qu'il allait faire un
sacrifice; mais ce n'est point ainsi que Tite-
Live raconte cet incident : « Les barbares
furent frappés de stupeur à la vue du séna-
teur et de ses dieux (1). »

Il fallait à Tite-Live un mot magique et un
fait d'audace pour mettre Camille en scène ;
le glaive de Brennus jeté dans la balance, et
son mot, malheur aux vaincus! *væ victis!* exal-
tent l'indignation de Camille, qui crie aux
armes, et qui, au milieu d'une armée victorieuse, sans cohortes romaines, extermine
les Gaulois, reprend l'or qui leur était donné
en vertu d'un traité de paix délibéré et con-
senti, va l'offrir du même pas au temple de
Jupiter: pour un tel haut-fait, il est surnommé
le *nouveau Romulus.*

---

*crepitu, excitus Manlius, tota prœlapsa acies in prœceps
deferri.* (Tit.-Liv., l. 5.)

(1) *Attonitis Gallis miraculo audaciæ.* (Idem.)

Comment concilier ce trait, dont on n'o-
serait pas même faire un miracle, avec l'aveu
de Tite-Live lui-même, qui a déclaré qu'au
temps où Brennus avait pris Rome, Camille
était exilé à Ardes, où, selon son usage, il
lui fait tenir un long discours (car on ne peut
supposer qu'il y ait eu deux Camille), dans
lequel, lui Camille, proposait aux Romains
qui s'étaient réfugiés dans ce lieu, de leur livrer les Gaulois quand ils seraient remplis de
viande et de vin, et couchés, à la manière des
bêtes féroces, sur les bords du fleuve. « Sui-
vez-moi, disait-il, je vous les livrerai tous
endormis, et faciles à égorger (1). » Voici
pourtant le héros romain et celui des lettrés
et des artistes français !

Le massacre des Gaulois, au surplus, fut
si général, qu'il n'en resta pas un seul pour
aller annoncer le désastre dans les Gaules (2).
On en dira autant de l'extermination au temple de Delphes, ce qui n'a pas empêché,
comme on va le voir, les Tectosages de reve-

---

(1) *Cibo vinoque repleti... propè rivos, ferarum ritu,
sternuntur... sequeminis; victos somno, veluti pecudes tru-
cidandos tradidero.* (Tit.-Liv., l. 5.)

(2) *Ne nuncius quidem cladis relictus.* (Tit.-Liv.)

nir de cette expédition à Toulouse, et chargés des immenses richesses prises à Delphes.

Les historiens français, cependant, ont tellement accrédité cette fable, qu'on l'enseigne
comme historique dans les livres, dans les
colléges et aux théâtres. Le sujet de Camille
est même un chef-d'œuvre de gravure française : Camille y est représenté, en jeune et
superbe guerrier, fils de Mars et de Vénus ;
il intervient à l'instant où Brennus a jeté son
glaive dans la balance ; Brennus, à l'oppo-
site, offre une figure ignoble, féroce et sauvage (1).

Les Romains, de leur côté, ont imaginé
une consécration qui a fait mettre en doute
la prise de Rome et du Capitole ; plus d'un
siècle après, ils ont élevé un temple à Vénus
Calva, parce que les dames romaines avaient
sacrifié leurs cheveux pour faire des cordages
pendant le siége par les Gaulois.

Suétone et Justin n'ont point répété les

---

(1) M. Dacier a répété cette fable. C'est par de tels hommes que les mensonges se propagent : dix mille personnes
croiront Dacier sur parole, et il ne s'en trouvera pas une
seule qui voudra prendre la peine d'examiner et de vérifier.

contes de Tite-Live ; Polybe, toujours vrai,
et qui écrivait près d'un siècle avant Tite-
Live, déclare, au contraire, que les Gaulois
ne sortirent de Rome qu'après qu'on leur eut
donné l'or qui avait été stipulé par le traité.
Justin dit formellement que les Romains ne
se délivrèrent point des Gaulois en leur faisant la guerre, mais en achetant la paix (1).

Junius Brutus se borne à dire : « Nous savons que nos ancêtres, vaincus vers l'Allia,
se sont rachetés des Gaulois avec de l'or (2). »

Appian n'a pas osé dire positivement que
Rome avait été prise par les Gaulois ; il a employé une locution dubitative : « On rapporte
que notre ville fut prise autrefois par des
hommes horriblement barbares. »

Tite-Live, oubliant ses propres écrits, fait
dire par un général samnite aux Romains :
« La ruse a été votre recours habituel ; ce
« n'est qu'à force d'or que vous avez racheté
« votre cité des Gaulois (3). »

----

(1) *Non bello, sed prœtio, hostem remotum.* (Just. l. 38.)

(2) *Majores quoque acceperamus se a Gallis auro redc-
misse atque ad Alliam.* (Jun. Brut., l. 21.)

(3) *Furto subduxistis : auro civitatem a Gallis redemis-
tis.* (Tit.-Liv., l. 7.)

Camille, *tant rechanté* par les Romains, a dit Pasquier, avait si peu vaincu les Gaulois, qu'immédiatement après leur retraite, le sénat de Rome envoya des commissaires chez les peuples voisins pour les exciter à se réunir à eux contre les Gaulois, qu'il signalait comme des barbares, ennemis de tous les peuples de l'Italie.

.. Il est de fait que les Gaulois, après avoir été payés de la rançon convenue, parcoururent en vainqueurs tout le Latium ; Rome était elle-même si peu rassurée, que, dans ce temps-là même, elle suspendit le cours ordinaire de ses lois, pour confier le sort de la république à un dictateur; non à Camille, qui avait exterminé les Gaulois et repris l'or de la balance en face de Brennus; non à ce nouveau Romulus, mais à Quintus Servilius..

Le trait de Manlius n'est pas plus vrai que celui de Camille : le lecteur va en juger. Il paraît que, dans les intervalles des grandes batailles, on se livrait à des combats singuliers; Tite-Live, comme un poëte épique, en a fait un épisode. Il dit : « Un guerrier gaulois avait provoqué les Romains. » Il ne nomme point le Gaulois; mais il fait plus; il en fait un Hercule géant; sa taille était prodigieuse ;

ses habits brillaient d'or et de diverses couleurs; ses armes avaient un éclat étincelant; il s'avança dans l'arène, semblable à un colosse (1).

Le général romain, à cette provocation, n'eut qu'un mot à dire à Manlius : « Va terrasser cette bête féroce, *illi belluæ*, et montre à tous les Gaulois qu'un Romain est invincible, *Romanum invictum præsta.* » Le Gaulois, bien entendu, fut vaincu; son corps, en tombant, couvrit un long espace; Manlius, pour prix de sa victoire, se contenta de prendre au Gaulois son collier, qu'il mit à son cou (2), et en fut surnommé *Torquatus.*

Ce dernier trait est aussi vraisemblable que celui de Valerius-Corvinus, rapporté par le même Tite - Live; un corbeau, par l'assistance d'un dieu, était devenu l'oiseau familier de Valerius. Quand celui-ci combattait, le corbeau se plaçait au faîte de son casque, et, agitant ses aîles, il attaquait du bec et de

____

(1) *Magnitudine eximius. ... Versicolori veste, pictisque auro cœlatis, refulgens armis, Gallus, velut mates supernè imminens.* (Tit.-Liv.)

(2) *In spatium ingens, ruentem porrexit hostem... collo circumdedit.* (Idem.)

ses serres la bouche et les yeux de l'ennemi ; dès que Valerius était vainqueur, le corbeau s'envolait vers l'Orient (1).

Pour faire prédominer les Romains, Tite-Live a constamment sacrifié la vérité, la justice et sa propre gloire ; il a su dissimuler avec art les causes vraies des guerres des Romains, presque toutes injustes et odieuses, et il a excusé de même ou légitimé des violations et des forfaits politiques. Habile à plaire, au sénat et au peuple, il ne cesse de faire de la cause des Romains la cause même des dieux ; car je ne sais si on pourrait citer un seul grand évènement pour lequel il n'ait fait intervenir le Ciel, et décrit des prodiges que la seule raison ou la pudeur du moins devait, interdire à sa plume.

Comment un historien qui se respecte, et qui doit respecter le public, a-t-il pu dire que des javelots s'étaient enflammés dans les mains des soldats ; que le disque du soleil s'était ré-

---

(1) *Numine interposito... Valerius... corvus repente in galea consedit... augurium cœlo missum... dictu mirabile; quotièscumque certamen initum est, levans se alis, os oculosque hostis, rostro et unguibus appetiit... Valerius... obtruncat... corvus, Orientem petit.* (Tit.-Liv.)

duit tout à coup à la grosseur d'une étoile:
qu'à Préneste, des pierres enflammées étaient
tombées du ciel; que les épis de blé tom-
baient couverts de sang sous la main des
moissonneurs, *cruentas spicas cecidisse*; que le
poil des chèvres s'était changé en laine, des
poules en coqs, et des coqs en poules, etc.?

La prévention était si assidue sous la plume
de Tite-Live, que les Romains, dans son
histoire, n'ont jamais eu le déplaisir ou l'hu-
miliation de voir attribuer leurs défaites ou
leurs revers à la sagesse et à la valeur de
leurs ennemis.

Le noble témoignage de César sur les Gaulois n'a fait aucune impression sur Tite-Live;
cependant leur vainqueur avait dit : « Les
Gaulois dans les combats ne connaissent que
le courage, et jamais la ruse (1).

Nul ne rend plus que moi justice au talent,
à la belle latinité de Tite-Live; mais j'en re-
viens toujours au principe, que la première
qualité d'un historien est celle de dire la vérité. Il est devenu malheureusement le type
de nos historiens, et surtout de nos historio-

______

(1) *Galli, par virtutem, non per dolum dimicare consue-
verant.* (Cæs.)

graphes, qui, dans tous les matériaux qui leur sont offerts, choisissent toujours ceux de la louange et de la vanité. C'est ainsi que, de siècle en siècle, l'histoire a été travestie; et que les historiens, cédant trop à leurs intérêts ou à leurs passions, ont laissé les rois et les dominateurs sans freins et sans remords, les peuples sans vengeurs, et la postérité sans histoire.

Il n'a point suffi aux Romains de dominer par les armes; ils ont encore voulu s'élever au-dessus des autres nations par leur renom dans la civilisation, par les lois, les lettres et les arts. Poursuivant ce système, comme un mot d'ordre en temps de guerre, ils sont venus à bout de faire considérer, en France même, les Gaulois comme des *barbares* : ce mot révoltait Pasquier, duquel Tite-Live, à tout propos, a-t-il dit, *blasonnait* nos anciens aïeux. Mais les Gaulois ne vendaient pas, comme les Romains, leurs femmes et leurs enfans. Il n'y a point de peuples qui aient été plus hospitaliers que les Gaulois : c'était au point qu'ils ne condamnaient qu'à l'exil un Gaulois qui en avait tué un autre, tandis qu'ils condamnaient à mort le Gaulois qui avait tué un étranger.

C'était un système, pour ne pas dire une obligation, de la part de tout écrivain de Rome, de déverser le mépris sur les Gaulois, et de les déclarer sauvages, féroces et barbares. Horace lui-même a fait l'éloge des lois des Douze-Tables, lois barbares, et desquelles Cicéron a fait un brillant éloge. Ces lois, cependant, portaient que des créanciers pouvaient se partager les membres d'un débiteur : ce grand et vertueux républicain y avait lu cependant la défense formelle aux patriciens de s'allier avec des plébéiens (1).

L'écrivain le plus fort ou le plus accrédité tenterait en vain, dans les temps présens, d'effacer ces fausses impressions données et arrêtées; il échouerait contre la force d'inertie du vulgaire et des lettrés. Il y a sans doute un grand nombre d'hommes de bien pour lesquels la raison est une sorte de culte, et qui approuveraient facilement les faits contredits; mais nul d'entre eux n'aurait le courage de se mettre en scène pour désabuser l'opinion invétérée des écoles, et pour faire reprendre un autre cours à l'histoire (2).

----

(1) *Voyez* le titre *De connubio patrum et plebis.*

(2) Quelle idée peut-on prendre de tous nos historiens

Dans chaque période littéraire, il y a eu des catégories, et chacune a eu son idole, dont la réputation a disparu avec la personne; les théâtres mêmes, qui occupent aujourd'hui toute la nation, accréditent les erreurs et les mensonges de l'histoire; il n'y a point de sujets fournis par les Romains qui n'offrent quelques tirades de mépris, de honte ou de sarcasmes contre les Gaulois; c'est pour les auteurs une bonne fortune, et c'est presque même un style obligé. Grâce à Tite-Live, les auteurs se sont tous entendus pour faire considérer les Gaulois comme des barbares in-

---

modernes, parmi lesquels il n'y en a pas un seul qui ait daigné dire un mot de l'antique vaillance des Gaulois et de leurs victoires? Jules-César, Polybe, Strabon, etc., leur sont donc inconnus?

L'opinion est la même aujourd'hui pour la poésie. Je me rappellerai toujours qu'ayant demandé à un professeur de littérature, aristarque, s'il pensait réellement que De-lille eût bien traduit les *Géorgiques* de Virgile : « *Non, certes*, me répondit-il; mais comment lutter contre une opinion qui met Delille au premier rang de nos poëtes? » Peu de jours après, j'entendis le même homme faire un éloge pompeux de la traduction des *Géorgiques* latines, qu'il faisait considérer comme des géorgiques françaises.

Voilà bien le monde lettré! je le dis avec peine, voilà bien aussi le monde savant!

humains, les Carthaginois comme des for-
bans et des perfides, les Grecs comme des
hommes faux et rusés : nous suivons ser-
vilement cette impression ! Il y a eu cependant, chez les Gaulois, des institutions admi-
rables, sous le rapport des mœurs et de la
patrie ; chez les Carthaginois, des preuves ma-
nifestes et soutenues d'une noble grandeur
d'âme et d'un excellent esprit public ; et chez
les Grecs, des traits sublimes d'héroïsme et de
franchise. Dans le fait, nul peuple n'a été plus
faux et plus impie que le peuple romain ; l'or,
la corruption, l'espionnage, les fausses nouvelles, les titres supposés et le mépris constant des lois et des dieux, l'ont sans cesse fait
vaincre et triompher ; il y a eu sans doute
des exceptions pour certains hommes, mais
combien elles sont rares ! Il semble que Ma-
chiavel n'a fait que donner un commentaire
du *Pignus imperii* de la vieille Rome : quels
Romains, au surplus, ont été plus grands que
Civilis, Périclès et Annibal ?

« On doit la justice aux Romains, que les
revers ne faisaient qu'agrandir leur esprit
public et préparer des moyens nouveaux
pour vaincre. Il faut mettre au premier rang
la discipline militaire, qui rendait leurs ar-

mées compactes et leurs actions simultanées,
tandis que les Gaulois ne combattaient que
par nations et souvent par tribus, et toujours pêle-mêle (1). C'était le seul moyen de
vaincre les Gaulois : il valut à Popilius la
brillante victoire qu'il remporta sur eux
en 352.

Mais puisqu'en France on dit toujours les
Gaulois si barbares, je dois rappeler des
titres et des circonstances qui, au contraire,
élèvent leur gloire et leur juste renommée.
Alexandre occupait déjà le monde de ses victoires et de ses expéditions ; ses immenses
conquêtes avaient fait craindre aux Romains
qu'il ne portât ses armes en Italie. Dans de
telles circonstances, ils se montrèrent dignes
du caractère que je viens d'esquisser ; ils se
tournèrent du côté des *barbares* Gaulois,
auxquels ils proposèrent un traité d'alliance
offensive et défensive : les Gaulois accep-
tèrent cette proposition, et ce fut pour les
Romains un grand motif de sécurité.

Le héros macédonien, qui avait déjà vaincu
les Gètes, les Thraces, etc., s'avisa, dans un

____

(1) *Rarò duabus tribusque civitatibus, ad pro pulsan-
dum.... dùm singuli pugnant, universi vincuntur.* (Tac.)

séjour qu'il fit vers le Bosphore, de recevoir des ambassadeurs de tous les rois ou nations. Les Gaulois, qui regardaient les conquérans heureux comme des dieux, députèrent aussi des ambassadeurs aux fils de Philippe. Justin et Quinte-Curce ont fait observer, d'ailleurs, qu'il y avait beaucoup de Gaulois dans l'armée d'Alexandre, et qu'ils y étaient connus sous le titre de *barbares*. Quoi qu'il en soit, l'an 324, dans la 114ᵉ olympiade, Alexandre admit près de lui des ambassadeurs gaulois sortis de l'Illyrie, dont la consistance était une et commune avec les autres nations gauloises : *una gens*. (Strab., l. 4.) Il leur demanda quels étaient les ennemis qu'ils avaient à craindre; ils répondirent : « Nous ne craignons rien que la chute du ciel. » Celui qui, parmi nous, croit à cette réponse, n'est pas dégénéré du noble sang gaulois. Strabon, au surplus, en rapporte la circonstance (1). N'est-il pas étrange et pitoyable que les his-

---

(1) *In hac expeditione, ut Ptolomœus Lagi filius perhibet, Cellœ, Alexandrum convenerant quos rex comiter exceptos, inter pocula interrogavit, quod maximè metuerint : nihil sanè, nisi ne fortè cæli casu obruerentur.* (Strab., l. 7, édit. d'Oxford.)

toriens français, idolâtres de la gloire d'A-
lexandre, et qui rappellent ces ambassades,
se taisent spécialement sur celle des Gaulois,
tant ils sont persuadés que nos aïeux n'é-
taient que des monstres à face humaine, vi-
vant de glands et de la chair de leurs sem-
blables.

Les lettrés, suivant l'usage, s'irritent ou
ridiculisent aujourd'hui l'auteur qui, s'appuyant sur l'histoire, rappelle que les Romains redoutaient tellement les Gaulois, que,
lorsqu'il s'agissait de guerre contre eux, Rome
se mettait en dictature. Il faut absolument,
pour plaire, signaler les Gaulois comme des
brigands et des sauvages avides de sang et de
butin; mais ces mêmes peuples, comme on
vient de le voir, à leur départ, au lieu de pil-
ler Marseille, l'ont protégée; au lieu de mettre Rome au sac et au pillage, comme les
barbares d'Attila, se sont contentés d'une
rançon pécuniaire; mais le sénat de Rome,
si fier, a traité d'égal à égal avec les Gaulois,
et le héros des héros les a honorés de sa bien-
veillante estime.

Les Gaulois s'étant enfin lassés de toutes
les ruses et tromperies des Romains, réso-
lurent de rompre avec eux, et de porter la

guerre encore jusqu'au sein de Rome. Le sénat apprit cette terrible résolution ; il envoya des ambassadeurs pour s'expliquer ; les Gaulois, s'abandonnant trop à leur courroux, et trop pleins de confiance dans leurs armes, ne voulurent pas entendre les ambassadeurs ; ils les firent mettre à mort. Cette action barbare, divulguée partout avec éclat, fit changer tout à coup les Romains supplians en soldats intrépides ; on se rallia de toutes parts au dictateur. Les Gaulois furent vaincus : inutile leçon qu'Eutrope a laissée aux belligérans. [illegible]

Si les Gaulois éprouvaient alors des échecs avec les Romains, ils étaient plus heureux en Asie, où le renom des immenses trésors qu'Alexandre y avait accumulés avait fait partir, l'an 279, environ 108 ans après la prise de Rome, une grande armée commandée par un autre Brennus, habile et valeureux général : *Alterum quoque Brennum.* (Strab.)

[illegible]

CHAPITRE III.

Dénombremens périodiques pour déterminer les émigrations. — Les augures, et usages aux départs. — L'émigration de trois cent mille Gaulois, commandés par Belgius et un autre Brennus. — Le roi de Macédoine est vaincu par Belgius. — Les Gaulois marchent sur Delphes, qu'ils prennent ; ils dépouillent le temple. — Contes ridicules des Grecs, accrédités par nos historiens, sur la prise et le siége de Delphes. — Les Gaulois fondent les royaumes de Galatie et de Cappadoce. — Formule d'un traité d'alliance. — Annibal part avec une armée pour aller attaquer Rome ; traverse l'Espagne et les Gaules ; circonstances de son passage par les Alpes. — Annibal fait passer le Rhône à son armée, à la cavalerie et aux éléphans. — Les secours qu'Annibal reçoit des Allobroges et des autres Gaulois. — Son armée est devenue forte de quatre-vingt mille hommes. — Les Africains hésitent à traverser les Alpes ; allocution d'Annibal à ses troupes d'Afrique. — Serment d'Annibal à son armée. — Conquête de la Provence par les Romains.

Un nouvel et plus clair horizon va s'élever enfin sur l'histoire des Gaulois ; les nations les plus célèbres, les rois les plus fameux, les grands capitaines et leurs divers historiens vont rendre témoignage des expéditions, des conquêtes et de la gloire des Gaulois; les conjectures sur leurs anciennes émigrations deviendront en quelque sorte des certitudes historiques; la cause même des émigrations en sera plus connue, et justifiée par de pareils mouvemens de la part des peuples du Nord et de l'Orient.

C'est dans ces émigrations moi-même que je pourrai faire observer avec plus de satisfaction les premiers essors ou rudimens de l'histoire de l'agriculture des Gaules, fille, comme toutes les autres, de la nécessité. Si on ne peut douter, jusqu'à présent, que les grandes émigrations n'aient été, dans l'ancienne Gaule, l'effet d'une population disproportionnée avec les moyens d'y vivre, il est encore bien plus certain que cette cause a été plus active de siècle en siècle : Justin, Tite-Live, Strabon, sont unanimes sur ce point; aussi les chefs gaulois avaient-ils adopté l'usage de faire tous les cinq ans un dénombrement. Lorsque les adolescens se trouvaient assurer à chaque nation un remplacement successif pour les travaux, pour les armes et pour les vivres, les druides, les vieillards et les rois donnaient aux jeunes guerriers le signal d'un départ pour d'au-

tres climats : ce n'était point une punition
ni un exil, mais, au contraire, une haute
marque d'estime; la jeunesse elle-même am-
bitionnait avec ardeur les classemens de départs.

Ces essaims périodiques, qu'on peut, au
surplus, fort bien comparer à ceux que la
nature indique ou commande à tant d'autres
animaux, avaient leur cause dans la sociabilité même des Gaulois et dans le régime de
leur vie habituelle; elles s'accordaient aussi
avec le caractère des peuples, qui faisaient
consister le bonheur de la vie à voyager et à
combattre. Un peuple, d'ailleurs, qui n'est
que pasteur, se trouve promptement réduit
au strict besoin, si sa population augmente
rapidement, ou si la guerre et des fléaux surviennent. Tel dans les ruches d'abeilles, si le
couvain d'une année heureuse par la température et par les productions de la terre, a
fait excessivement multiplier les familles, les
essaims sont forts et pleins d'ardeur : tel fut
le sort des Gaulois, dont les plus grandes
ressources pour vivre dépendaient de leurs
troupeaux, du gibier des forêts, et de quelques grains qui servaient à composer leurs
boissons fermentées. Les chefs des Gaulois

étaient donc sages en ordonnant l'essor de
tels essaims.

Les départs avaient lieu ordinairement au
printemps; Justin ne se fait point de scru-
pule de les comparer à tous ceux qui ont lieu
dans les premiers beaux jours de l'année;
Strabon, de son côté, assimile ces départs à
ceux des grues (1).
Chaque départ était précédé de solennités
religieuses; les pontifes mettaient la nouvelle
colonie sous la protection d'un dieu spécial;
dans les trajets, on n'observait plus d'autre
culte que celui de la divinité protectrice; les
augures déterminaient les points vers lesquels il fallait se diriger; les oiseaux le plus
souvent étaient employés pour ces indications; d'autres peuples avaient recours aux
chèvres (2). Anticipons ici sur les siècles,
pour dire à ceux qui accusent les Gaulois de
barbarie et de préjugés, qu'aux siècles des
croisades on a eu recours à de tels moyens.
L'expédition de Brennus et de Belgius dans
la Grèce et la Macédoine, eut lieu l'an 278

______

(1) *Trecenta millia* ? *velut ver sacrum miserunt.* (Just.)
Περὶ πελαργοι. (Strab.)
(2) *Ducibus avibus… ducibus capris.* (Just.)

avant Jésus-Christ, et dans la 125e olympiade : l'époque est mémorable. Alexandre n'était plus ; ses généraux se disputaient l'empire du monde ; les plus puissans étaient Ptolomée, Antigone Séleucus, Euménès, Lysimaque, etc. Rome était en pleine lutte avec Carthage, et ses aigles victorieuses dominaient déjà une partie de l'Afrique et de l'Orient. L'Epire, la Grèce, l'Egypte, la Syrie, le Pont, la Cappadoce, la Lybie et presque toute l'Asie mineure, étaient des théâtres de guerres terribles de la part des Romains ; tout détruire était le mot d'ordre universel ; les trônes et les dynasties s'effaçaient successivement, comme les flots sous une tempête.

C'est au milieu de ces grands évènemens que trois cent mille guerriers (1) vont entrer dans ces régions déjà trop électrisées par l'ardeur des combats. Belgius et Brennus, dignes de Sigovèse et de Bellovèse, dignes encore de Brennus le Romain, se dirigèrent, l'un vers l'Epire, l'autre vers la Grèce (2).

Au bruit qui se répandit qu'une grande ar-

----

(1) *Trecenta millia hominum, ad sedes novas quærendas.* (Tit.-Liv., l. 24.)

(2) *Alii Græciam, alii Macedoniam, omnia ferro pro-*

mée gauloise marchait vers l'Orient, les peuples, les villes et les rois furent en alarmes ; Antigone en fit la paix avec Antiochus, contre lequel il était en guerre ; la Grèce, qui avait éprouvé déjà tout ce que pouvait la valeur gauloise, se hâta d'envoyer des députés aux chefs gaulois (1).

L'Asie elle-même en fut épouvantée (2), tant elle redoutait les armes gauloises. La terreur était partout si grande, que les rois même qui n'étaient pas attaqués envoyaient de leur propre mouvement des ambassadeurs pour offrir des trésors ou des rançons (3). Loin de faire une ligue, les rois d'Orient, ne consultant que leur ambition et les circonstances, députèrent près les chefs gaulois pour en obtenir des secours et faire cause commune avec eux. Ptolomée, qui s'était ad-

---

terentes petivere, Galli qui Brenno duce Græciam vastaverunt. (Flor., c. 11.)

(1) *Græciam ingentes motus frequenter passam, nunc Gallorum, nunc Macedonum bellis.* (Just., l. 29.)

(2) *Gallorum..... tantæ fœcunditatis juventus fuit, ut Asiam omnem velut examine implerunt.* (Idem.)

(3) *Tantusque terror Gallici nominis erat, ut etiam reges non lacessiti, ultrò pacem, ingenti pecunia mercarentur.* (Idem., l. 24.)

jugé la Macédoine, osa seul attendre l'arrivée des Gaulois. Belgius, informé de la résistance qu'il projette, et n'ayant pas le dessein de s'arrêter si près, lui envoya des députés pour convenir des conditions de la paix. Ptolomée reçut avec hauteur les commissaires gaulois, et leur dicta même des conditions, sous peine, ajoutait-il, de châtier l'armée gauloise de sa témérité.

De retour au camp, les députés racontent la manière avec laquelle ils avaient été reçus ; lorsqu'ils expriment la menace de Ptolomée, un rire général annonce la terrible résolution de voler au combat. Les Macédoniens furent taillés en pièces ; Ptolomée fut tué, et sa tête promenée en triomphe autour du camp ; la Macédoine en fut livrée à la discrétion des Gaulois (1).

---

(1) *Solus rex Macedoniæ Ptolomæus, adventum Gallorum intrepidus audivit..... Galli duce Belgio legatos ad Ptolomæum mittunt, offerentes pacem, si emere velit ; Ptolomæus, jactavit... pacem negando, nisi inermibus... renunciata legatione, risére Galli... prælium conseritur... Macedones cæduntur... Ptolomæus... caput ejus amputatum et lanceâ fixum... circumfertur... luctu omnia replentur.* (Just., l. 24.)

Après cette expédition, les Gaulois entrèrent en Asie, où ils prirent le parti de quelques rois légitimes dépossédés. Justin semble vouloir les accuser ou les avilir, parce qu'ils se faisaient donner de l'argent; mais cette condition a franchi tous les siècles; il faut plutôt voir dans l'expression *humiliorum* de l'auteur, quelque chose d'honorable pour les Gaulois : c'est au lecteur à en juger (1) par ce qui se fait en Europe aujourd'hui.

Appelé par sa naissance au trône de Macédoine, Sosthènes, afin de se composer hâtivement une armée, déclara aux Macédoniens qu'il renonçait au titre de roi, et qu'il leur accordait la liberté. Ce moyen politique lui réussit; les rois, vaincus dans la suite, auraient dû en profiter, et les nations s'entendre avec leurs rois pour se constituer; mais à peine les historiens en ont-ils fait la remarque. Quoi qu'il en soit, Sosthènes, aidé de ses Macédoniens libres, battit les Gaulois, trop fiers de leur dernière victoire, et il les chassa de ses États.

(1) *Indè Galli humiliorum semper manus mercenaria, Asiam depopulabantur.* (Just., l. 27.)

Galli Brenno duce Græciam vastaverunt. (Flor., c. 11.)

Brennus, informé de cette défaite, accourut au secours des Gaulois vaincus : Sosthènes osa marcher contre lui, et l'attaquer : mais il fut vaincu à son tour, et la Macédoine fut de nouveau ravagée (1).

Ce fut alors que Brennus médita de faire la conquête de toute la Grèce, et d'aller s'emparer des richesses du temple de Delphes; il se mit en marche à la tête de cent mille hommes (2). C'est cette armée, encore chargée des lauriers moissonnés en Macédoine, que M. Lévêque nomme, dans ses *Etudes sur l'histoire*, « *une horde de brigands.* »

On doit penser qu'une armée victorieuse, et qui ne dissimulait pas le but de sa marche, répandit une grande terreur à Delphes et dans tous les sanctuaires; on doit croire aussi que, loin d'opposer de la résistance, le grand-prêtre ait ordonné à toute la contrée de fournir aux Gaulois les choses dont ils auraient besoin.

____

(1) *Intereà Brennus... in Macedoniam irrumpit... occurrit ei Sosthenes... Victor Brennus... totius Macedoniæ partes deprædatur.* (Just., l. 27.)

(2) *Horum Gallorum, centum millia non longè a Delphis properantes.* (Jornand., *de Regnorum successione.*)

Ce récit ou cette conjecture est la seule vraie ou probable ; mais les prêtres, les Grecs, et même les Romains, se sont entendus pour imaginer et accréditer le roman que voici :

Brennus, en s'approchant de Delphes, aurait laissé son armée se débander, parcourir les campagnes et se gorger de vin ; les prêtres de Delphes, profitant de ce désordre, auraient eu le temps de faire un appel aux peuples circonvoisins, et de se fortifier.

Les Gaulois, ivres encore, auraient tenté d'escalader les murs de Delphes ; mais les prêtres et les devins étaient accourus, les cheveux épars, poussant des cris horribles, annonçant à leur garde que le Dieu lui-même était venu à leur secours, qu'ils l'avaient vu, qu'il était accompagné de deux vierges armées, sorties, l'une du temple de Diane, et l'autre de celui de Minerve, etc.

A l'instant même, une partie de la montagne se serait détachée par l'effet d'un tremblement de terre, et aurait écrasé l'armée gauloise (1); un orage étant survenu, la grêle et le froid avaient achevé de faire périr

---

(1) *Ab eo monte, partes quasdam avulsas exercitum*

les Gaulois; alors Brennus se serait tué de désespoir, et il n'était pas resté un seul de ses soldats pour apprendre cette défaite à ceux de l'Asie.

On conçoit que les Grecs, vaincus et humiliés, aient démenti la victoire des Gaulois devant Delphes; on conçoit' même que les Romains (1), dans la suite des temps, aient voulu soutenir le pouvoir de leurs propres sanctuaires, et qu'ils aient redit, sur la foi des Grecs, la fable en question; mais conçoit-on qu'elle soit répétée par des auteurs modernes, et qu'elle reste comme un fait historique dans les livres classiques?

. Un académicien d'histoire a même osé nier le nom et l'existence de Brennus, parce qu'en langue celtique, *bren* veut dire un chef. A ce titre, il faudrait nier l'existence d'Alexandre,

---

Gallicum obruisse, quem ad diripiendum templum Delphicum ducebat Brennus. (Cluv., *in Hellad*).

(1) Les Romains étaient dans l'usage, à chaque triomphe, d'envoyer de l'or en présent au temple de Delphes. Faut-il s'étonner qu'ils aient accrédité la fable du courroux du dieu et du tremblement de terre que débitaient les Grecs? Sylla y a envoyé son diadême en or et sa hache : *Diadema aureum ac securim inscribens hæc.*

Tibi, diva Venus, deposuit munera Scylla. (App., l. 1.)

parce qu'André Schott nomme ce conquérant
Ἀλεξείανδρος; ce qui veut dire *guerrier protec-*
teur; mais, nonobstant tous ces doutes, la
guerre devant Delphes et l'assaut du temple
et de la citadelle n'en sont pas moins historiques, ainsi que le dépouillement des richesses du sanctuaire. Justin n'eût pas dit
que les Tectosages emportèrent de grandes
richesses provenant du temple de Delphes.
Strabon n'eût pas dit que les Romains avaient
fait tarir le lac de Toulouse pour y prendre
l'or et l'argent que les Tectosages avaient ap-
portés du temple de Delphes (1).

Justin fait observer qu'après l'expédition
de Delphes, l'armée des Gaulois se retira,
une partie en Asie, l'autre dans la Thrace,
et suivant la même route qu'ils avaient déjà
tenue en se rendant en Grèce ; il ajoute même
que, dans ce retour, des colonies s'arrêtèrent
au confluent du Danube et de la Save, où
elles se donnèrent le nom de *scordisques* (2).

---

(1) *Tectosagi autem... in antiquam patriam .. Tolosam.*
(Just., l. 23.)

Quanto Brennus..... qui Delphos invasit, inventas To-
losæ pecunias XV millia talentûm. (Strab., l. 4.)

(2) *Pars in Asiam, pars in Thraciam, per eadem*

Addisson a mis au rang des miracles la tempête qui fit préserver le temple de Delphes de l'assaut des Gaulois; Warburton l'a réduit à une défense plus forte que l'attaque, et ne paraît pas croire à la prise du temple ni à son dépouillement. Ainsi, sur un fait qui est tout simple en histoire et dans les entreprises d'un chef parti pour des conquêtes, Addisson a, d'une part, fait un miracle, et Warburton a pensé comme les prêtres et les Grecs vaincus à la prise de Delphes, que Brennus avait été repoussé, et que le temple n'avait été dépouillé ni détruit. Je ne veux, au surplus, d'autre preuve de la prise du fort et du temple de Delphes, que le décret des Amphyctyons, portant qu'il serait fait une quête générale en Grèce pour faire rebâtir et rétablir le temple de Delphes, et à laquelle contribua Amasis, roi de l'Egypte, pour une somme considérable.

C'est au lecteur maintenant à apprécier le mérite des opinions des deux savans anglais; du reste, le conte imaginé par les Grecs, re-

____

vestigia qua venerant, patriam repetivére... ex his, in confluente Danubii, Savique consedit Scordiscosque appelari voluit. (Just., l. 32.)

levé par les Romains et réchauffé par ces deux aristarques, n'a pas plus de réalité que celui de la prêtresse Démonice, qui aurait livré Ephèse à Brennus, sous la promesse d'avoir pour elle les bijoux des femmes.

Ce fut après l'expédition de Delphes que Brennus et ses Gaulois parcoururent une partie de l'Asie, prêtant assistance aux rois malheureux. Ce fut par eux qu'Antiochus triompha de Séleucus (1); c'est à ce temps-là même, dans l'année 270 et dans la 127ᵉ olympiade, que les Gaulois fondèrent le royaume de Galatie (2), et se fixèrent dans la meilleure partie de la Cappadoce. Justin ne laisse aucun doute sur la prise du temple et le dépouillement de ses richesses.

Une peste qui éclata à Toulouse peu d'années après, confirme le fait; car l'oracle consulté déclara que, pour apaiser le courroux du dieu, il fallait jeter dans le lac le trésor enlevé aux autels (3).

---

(1) *Conducto Gallorum... victor quidem Antiochus fuit virtute Gallorum.* (Just., l. 27.)

(2) *Cujus uberrimam partem occupavére Tectosages.* (Strab., l. 5.)

(3) *Tectosagi..... in patriam, Tolosam pestiferá lue.....*

Le retour des Tectosages à Toulouse avec les richesses prises à Delphes, les victoires attestées des Gaulois en Asie, à une époque ultérieure, le témoignage des auteurs et la fable même imaginée par les Grecs sur le sanctuaire de Delphes, prouvent invinciblement que les Gaulois ont été victorieux.

On a dit souvent qu'il n'y avait pas de grande armée où il n'y eût des Gaulois; il paraîtrait même qu'il y en avait au service de Carthage, lorsqu'elle était en guerre avec Rome.

On sait d'ailleurs que les Gaulois ont eu des rapports avec les Phéniciens, puisqu'ils auraient conduit une colonie phénicienne vers les Pyrénées; on veut même que les armes de la Navarre soient le signe des Phéniciens. Quelques auteurs ont cherché à avilir les Gaulois, parce qu'ils servaient pour de l'argent; mais c'est un usage universel dans le monde; l'Angleterre et la Suisse les en justifient encore. Antiochus dut sa victoire à

---

nou priùs sanitatem, quam aurum sacrilegii, in lacum. (Iust., l. 32.)

l'armée des Gaulois, et Justin n'a point cherché à lui en faire un démérite (1).

Je n'ai point à établir la réalité de ces mouvemens; ma tâche est seulement de faire res-
sortir dans cette histoire le renom et les par-
ticipations des Gaulois pendant la lutte mémorable des Romains et des Carthaginois ;
j'y tiens d'autant plus, qu'en me fournissant
un épisode qui pourra plaire au lecteur, j'y
trouve encore l'occasion de faire observer
des faits d'*agriculture*, de *mœurs* et d'*industrie*,
de la part des Gaulois, à l'occasion du passage d'Annibal par les Alpes.

Trop fiers de leurs victoires et de leur
puissance politique, les Romains en étaient
déjà venus au point d'offenser, à la fois les
rois et les peuples; les Carthaginois les premiers s'indignèrent de voir que Rome affec-
tait d'intervenir dans tous les débats politiques, comme si elle eût été la souveraine du
monde.

Dans ces temps-là même, Philippe, fils de
Démétrius, roi de Macédoine, venait de
faire un traité d'alliance avec Annibal. Le

---

(1) *Conducto Gallorum mercenario exercitu... victor...
virtute Gallorum.* (Just., l. 27.)

sénat de Rome s'en était offensé. Je prie le
lecteur de me permettre de rappeler seulement le préambule de ce traité, qui seul, et
bien mieux que les livres et que Tite-Live
même, donne une juste et grande idée du
noble esprit public de Carthage, du culte et
de la religion du temps : on doit cet acte au
vertueux Polybe.

« Entre Annibal, général, Magon, Myrcal,
« Barcomar, et tous les sénateurs de Car-
« thage qui se sont trouvés avec lui, et tous
« les Carthaginois qui servent dans son ar-
« mée, d'une part; et entre Xénophanes,
« Athénien, ambassadeur du roi Philippe,
« fils de Démétrius, tant en son nom qu'au
« nom des Macédoniens et des alliés de sa
« couronne; en présence de Jupiter, de Ju-
« non et d'Apollon; en présence de la divi-
« nité tutélaire des Carthaginois, et d'Hercule
« et d'Iolaüs; en présence de Mars, de Tri-
« ton et de Neptune ; en présence des dieux
« qui accompagnent cette expédition, et du
« soleil, et de la lune et de la terre; en pré-
« sence des fleuves, des prés et des eaux; en
« présence de tous les dieux, qui sont les
« maîtres de la Macédoine et de tout le reste
« de la Grèce; en présence de tous les dieux

« qui président à la guerre, et qui sont pré-
« sens à ce traité, Annibal, général, et tous
« les sénateurs de Carthage qui l'accompa-
« gnent, et de tous les soldats de son armée;
« on dit : Sous votre bon plaisir et le nôtre,
« il y aura un traité d'amitié et d'alliance
« entre vous et nous, comme amis, alliés et
« frères, etc., etc. »

Le sénat de Rome prit occasion de ce traité
pour accuser Carthage de manquer à la foi
des traités; il osa même demander que ce
traité fût annulé. Les Carthaginois, de leur
côté, s'offensèrent de ce que les Romains
leur intimaient des ordres; et dès lors ils se
préparèrent à soutenir leur indépendance par
les armes.

Annibal fut choisi pour venger et soutenir
la patrie; ce fut alors qu'il conçut le grand et
hardi projet d'aller attaquer Rome par les
Gaules et par les Alpes. Les peuples d'Espagne n'étaient pas moins impatiens que les Carthaginois de secouer le joug des Romains.
Annibal comptait beaucoup sur cette disposition des esprits; il s'embarqua donc pour la
péninsule avec une armée formidable, composée en grande partie de cavalerie numide
et d'un grand nombre d'éléphans.

Le sénat de Rome, qui avait partout des espions, se hâta d'envoyer des ambassadeurs au sénat de Carthage, faire des propositions de paix; mais en même temps, poursuivant toujours son système politique, il en envoya également à tous les grands sénats d'Espagne, pour les prévenir de la marche des Carthaginois, et pour les exciter à prendre les armes : partout une noble fierté et une juste indignation éclatèrent contre les propositions des Romains.

Annibal était à peine entré en Espagne, que les peuples arrivaient de toutes parts pour grossir son armée; il se dirigea vers Sagunte, où le parti des Romains porta les habitans à se défendre : Sagunte fut prise et livrée au pillage.

Des ambassadeurs romains, d'autre part, s'étaient rendus également auprès des sénats du midi des Gaules; ils avaient demandé une audience à celui du Roussillon; les vieillards l'ordonnèrent; tous les grands s'y rendirent, et, selon la coutume, avec leurs armes. Les Romains y déployèrent tous les ressorts de l'éloquence; on les entendit d'abord assez patiemment; mais quand ils en vinrent à proposer de déclarer la guerre aux Carthaginois,

afin, disaient-ils, de les empêcher de pénétrer en Italie, les Gaulois attérèrent les Romains par de longs éclats de rire (1).

Annibal entra dans les Gaules par le pays
des Bargusiens; quelques districts tentèrent
d'arrêter sa marche; mais Annibal, par des
explications et par une contenance imposante, fit arriver son armée, sans coup-férir, jusqu'au territoire des Volsques aréco-
miques (2), qui se déclarèrent pour lui.

Je saisis moi-même cette circonstance pour
faire apercevoir au lecteur les ressources
qu'offraient dans ces temps l'agriculture et
l'industrie des Gaulois; car tel est le triste
sort de l'histoire, que c'est plutôt dans les
fastes de la guerre que dans ceux de la paix
qu'on trouve des traces ou des documens qui
se rapportent à l'agriculture et aux mœurs
des peuples.

Arrivé au bord du Rhône, Annibal se dis-
posa à faire passer le fleuve, car il avait à

____

(1) *Ne Pœno bellum Italiæ inferenti... transitum darent;
tantus cum fremitu risus dicitur ortus, ut vix et magistra-
tibus sedaretur; adeò stolida, impudesque postulatio visa
est.* (Tit.-Liv.)

(2) Nîmes en était la capitale.

craindre que les Romains, débarqués à Marseille , ne vinssent lui disputer le passage. Toute l'armée se mit à l'œuvre ; les Volsques aidèrent même à construire des barques (1). On fit à la hâte une grande quantité de cordages avec du *spart* (2), afin de lier entre eux les barques et les radeaux; il fallut en établir un long de deux cents pieds et large à proportion, pour faire passer les éléphans; on le couvrit d'une couche épaisse de terre et de sable, afin de prévenir l'emportement des éléphans, qui d'ailleurs ont horreur de l'eau courante.

Quand ces premières dispositions furent faites, Annibal ordonna le passage ; il fit mettre la cavalerie à la nage au-dessus des barques et des radeaux, afin d'amortir le courant du fleuve. La plus grande partie de l'infanterie fit sa traversée sur des esquifs, sur des outres (3) et sur des boucliers ; les élé-

---

(1) *Novasque alias primum Galli incohantes cavabant ex singulis arboribus.* (Tit.-Liv.)

(2) *Junci genus ex quo funes fiunt..... vis magna sparti ad rem nauticam.* (Idem.)

(3) *In utres, cetrisque suppositis incubantes, flumen tranavére.* (Idem.)

phans mâles témoignèrent d'abord de la ré-
pugnance ; quelques femelles dociles les déterminèrent.

La cavalerie ne fut pas plutôt débarquée,
qu'Annibal donna l'ordre à trois cents cavaliers numides de descendre la rive gauche,
afin d'en repousser ceux des Gaulois ou des
Romains qu'on aurait envoyés à la découverte.

Cette idée fut heureuse, car les Romains
avançaient à grands pas. Les cavaliers numides eurent divers engagemens avec les
avant-gardes des Romains. Ceux-ci se voyant
ainsi chargés, se persuadant que le gros de
l'armée d'Annibal les appuyait, se hâtèrent
de rétrograder ; et l'armée romaine, sur ce
premier avis, se concentra dans un camp
fortifié.

Annibal profita de ce retard fortuné pour
achever le débarquement, et immédiatement
il ordonna de se diriger vers les Alpes.

L'annonce d'une grande armée commandée
par Annibal, et marchant contre Rome, avait
attiré sur son passage une foule immense de
Gaulois (1). Les Boïens se firent les guides

---

(1) *Ad famam ejus undiquè confluentibus*. (Tit.-Liv.).

d'Annibal ; on remonta le fleuve jusqu'au confluent de l'Isère ; il fallut s'arrêter quelque
temps devant la Durance, qui était débordée.
Annibal profita de ce retard pour se concilier
les bonnes dispositions des Allobroges, les
plus riches et les plus puissans du midi des
Gaules (1).

Deux jeunes rois de cette nation étaient en
guerre ; ils prirent Annibal pour arbitre : il
les réconcilia ; par reconnaissance, ils lui offrirent toutes les ressources de leurs Etats, et
un libre passage par leurs territoires. Ces secours effectifs consistaient principalement en
étoffes, que la rigueur du froid des Alpes
rendait bien nécessaires, en blés et toutes
sortes de fruits, ce qui s'accorde avec le témoignage de Polybe et de Strabon, sur la
grande fertilité de cette contrée (2).

----

(1) *Gens antiquissima, jam indè nullá Gallicá opibus
aut fama inferior.* (Tit.-Liv.)

(2) *Commeatu, copiaque rerum omnium, maximè ves-
tri, quam infames frigoribus Alpes preparari cogebant.*
(Idem.)

Regionem frumenti feracem. (Polyb.)

*Omnia fructuum genera quæ in Italia nascuntur, pro-
fert Narbonnensis Gallia.* (Strab., l. 4.)

Cependant, les Romains, étonnés du silence qui régnait autour d'eux, apprirent qu'Annibal, guidé par les Gaulois, remontait le fleuve, et qu'il devait avoir atteint le pied des Alpes. Cornélius Scipion ordonna aussitôt le rembarquement pour l'Italie, afin de s'opposer à la marche de l'armée carthaginoise.

Annibal avait déjà tellement vu grossir son armée, qu'il comptait plus de quatre-vingt mille hommes avant de gravir les Alpes ; il ordonna le départ. Ayant aperçu quelque hésitation parmi les Africains, effrayés de la hauteur et des glaciers des monts (1), il leur dit : « Les Boïens et les Gaulois qui nous suivent n'avaient point des ailes quand ils ont franchi, avec leurs femmes et leurs enfans, ces Alpes, dont le Carthaginois s'effraie, et quand, à la suite de ce passage, ils ont pris cette Rome, qui se dit la capitale de l'univers (2) ». Il dit en outre à ses alliés et aux

____

(1) *Montium altitudo nivesque cœlo propè immixtæ, inanimaque omnia rigentia gelu.* (Strab., l. 4.)

(2) *Majores, non pennis sublimè elatos, Alpes transgressos, ingentibus sæpè agminibus cum liberis ac conjugibus, migrantium modo, tuto transmisisse... et Romam or-*

affranchis, « qu'au nom des dieux, il promet-
tait à tous des terres et du butin dans telles
contrées qu'ils désireraient, en Afrique, en
Espagne, en Sardaigne ou en Italie. » Il déclara qu'il accordait aux affranchis une liberté
pleine et entière; et, afin de les mieux persuader tous, il prit d'une main un agneau
noir, et de l'autre un glaive, et lui-même, au
sommet de la montagne, en fit le sacrifice à
Jupiter et à tous les dieux des alliés, déclarant qu'il se dévouait pour être immolé s'il
manquait à sa parole.

Faisons observer de nouveau la triste préférence qu'on donne dans l'histoire et dans le
monde, aux mensonges contre la vérité et ses
réalités. Ainsi, on dit et répète encore qu'Annibal avait abaissé des cimes de rochers et
de glaces, en les soumettant à l'action d'un
vinaigre bouillant; ce qui n'est pas plus vrai
que les Huns, pour sortir d'une vallée inaccessible, auraient fait mettre en fusion une
montagne ferrugineuse, au moyen de deux
cent quarante soufflets. Mais ce qui est plus
vrai, c'est que les Gaulois-Boïens avaient déjà

---

*bis terrarum caput..... cepisse quondam Gallos quæ adiri
posse Pœnus desperet.* (Tit.-Liv.)

franchi les sommets sourcilleux et glacés des
Alpes-Pénines : c'est Annibal lui-même qui le
dit et le déclare à ses Africains.

Pendant ce temps-là même, Rome ordonnait des supplications générales, et promet-
tait à Jupiter un grand sacrifice, composé de
tous les nouveaux-nés dans les troupeaux (1).

Tel est le grand évènement qui se passait
dans les Gaules, l'an 534 de la fondation de
Rome, 214 ans avant Jésus-Christ. La suite
en est connue, et n'a plus de rapport avec
cette histoire. On croit généralement que le
passage s'effectua par le mont Genèvre, parce
que les premiers peuples qu'Annibal rencon-
tra furent les *Taurins*.

Toujours à leur avenir, les Romains ne né-
gligeaient aucune occasion pour affaiblir et
diviser les nations gauloises ; ils s'étaient fait
un plan de n'attaquer chacune d'elles que sé-
parément, afin d'éviter une confédération qui
aurait nécessité de trop grandes armées ; c'est
ainsi que, sans déclaration préalable, ils at-
taquèrent les Liguriens, qui, originaires des

---

(1) *His ce duellis.... cum Carthaginensi.... cum Gallis,
quod ver attulerit ex suillo, ovilo, caprino, bovino grege,
Jovi fieri.* (Tit.-Liv.)

Gaules, avaient toujours été du parti des Gaulois (1); mais ils n'avaient pas encore osé franchir les Alpes. Cependant, les victoires de Popilius et de Marcellus avaient révélé l'immense puissance d'une armée soumise dans les combats à une sévère discipline et à une tactique militaire; ils avaient déjà reconnu que les Gaulois ne combattaient que pêle-mêle et sans ordre (2). L'honneur était réservé à Quintus Fabius de franchir les Alpes avec une armée romaine; il prit sa première position devant les Allobroges, qui furent vaincus : dans l'année même, le sénat déclara la fatale formule *Facta provincia*. Le nom de la Provence se rattache à cette circonstance : Fabius en fut surnommé *Allobrox*.

La ville de Vienne alors était une ville riche et puissante (3).

Quand le sénat avait porté le décret *Facta provincia*, on envoyait immédiatement des

---

(1) Les Romains réputaient et nommaient *Gaulois* tous les peuples de la Haute-Italie.

(2) *Hæc natio... ad pugnam consertim et palàm coeunt indèque incircumspectè.* (Strab., l. 4.)

(3) *Ornatissima colonia valentissimaque Viennensium.* (Cæs.)

préteurs, des questeurs, des préfets pour administrer ; des légions y résidaient : la Sicile a été la première, et la Provence la seconde qui aient reçu l'application de ce genre de décret.

CHAPITRE IV.

Les rigueurs des climats des Gaules, aux temps d'Ambigat, contemporain de Tarquin l'ancien. — C'est une erreur de croire que les Gaules fussent toutes couvertes de forêts. — Notice sur l'urus ou l'uroch. — De l'origine et du service du cheval dans les Gaules ; l'opinion de divers auteurs. — Le lait de la cavale donnait une boisson délicieuse aux Gaulois. — La disparition de l'élan, du castor, du cygne, du sol des Gaulois ; causes. — L'acclimatement de la vigne a été rapide ; mais on le doit plutôt à la nature du terrain qu'aux degrés de latitude. — On doit espérer encore de nombreux acclimatemens.

J'AI dû donner un aperçu rapide des grandes émigrations et des premières guerres des Gaulois, pour détruire, s'il est possible, dans la scolastique et parmi les gens du monde, les fausses idées et les injustes préventions qu'on ne cesse d'y manifester contre les Gaulois ; j'ai dû les mettre en rapport avec les plus grands rois de la terre, et les montrer arbitres ou fondateurs de royaumes avoués par l'histoire ; j'ai dû enfin les mettre en scène ou en prise avec les Romains, qui se disaient les plus puissans du monde, et faire planter, à dessein, la framée gauloise (1) au milieu de Rome, avec la condition humiliante et absolue de livrer au vainqueur mille livres pesant d'or.

L'homme qui raisonne et le philosophe qui ont pu suivre les progrès de la civilisation, se persuaderont facilement que les diverses nations des Gaules, celles du centre et des bords maritimes, avaient su se créer, indépendamment des ressources de la nature, des vivres et des vêtemens. L'émigration d'Ambigat, évaluée à trois cent mille hommes, démontre seule que l'industrie agricole ou pastorale était généralement exercée. Pour s'en convaincre, il suffit de considérer qu'au temps d'Homère, les Phéniciens, les Africains, avaient déjà fréquenté nos mers et porté leurs investigations jusqu'aux îles Cassitérides. Il n'est donc pas étonnant que les Gaules maritimes aient appris des cultures qui fournissaient des vivres supplémentaires de ceux que leur donnait la nature, et que, des Gaules maritimes, les cultures céréales

____

(1) Demi pique armée d'un fer aigu, qu'on dardait à la manière des javelots.

aient été portées au centre. Mais l'histoire
de l'agriculture ne se compose pas de conjectures; je ne les offre donc ici que comme
des probabilités admissibles, en attendant
que des faits positifs se révèlent d'âge en âge;
car, enfin, il ne faut pas perdre de vue qu'il
s'agit ici de l'agriculture d'un pays qui n'avait
pas de langue écrite. .

. Les climats, le culte, les mœurs, et le régime diététique, peuvent faire jeter beaucoup
de jour sur l'existence et la population des
Gaulois : nous allons suivre chacun de ces
articles.

L'excessive rigueur des climats des Gaules,
aux siècles des premières grandes émigrations, n'est point un doute ; si nous n'en
avons pas la preuve par les récits historiques,
les seules notions physiques suffisent pour
en démontrer la réalité.

L'immensité des forêts et celle relative des
eaux dans les lacs, les fleuves, les rivières et
les marais, en étaient l'effet nécessaire. Quelques faits isolés d'une température douce ne
pourraient être une preuve négative ; avec
de la bonne foi et un sage esprit d'observation, on serait, au surplus, bientôt d'accord,
en reconnaissant, qu'il y a une cause sans

cesse agissante dans la nature qui change les climats, les êtres et les productions du sol; c'est à cette cause déjà qu'il faut attribuer la différence extrême de la stature et des développemens de tant de quadrupèdes ou de reptiles qui paraissent aujourd'hui fabuleux.

Théophraste a depuis long-temps fait observer que plus un pays est désert, plus il est froid, et qu'il s'échauffe à mesure qu'il est cultivé. Ainsi, dans les siècles d'Ambigat et d'Anéroëstès, des plantes qui n'auraient pu fleurir et fructifier sans certains abris au midi des Gaules, sont aujourd'hui généralement répandues dans les climats du Nord. La Pensylvanie est un grand exemple de cette vérité physique; car elle produit aujourd'hui des plantes et des fruits qu'on ne trouvait, il y a un siècle, qu'aux Antilles. Dans le Canada, si extrême par son climat glacial, les hivers sont maintenant moins rigoureux et les printemps plus hâtifs.

Cicéron a laissé un affreux tableau des Gaules et des Gaulois (1).

Columelle a fait aussi remarquer les ri-

____

(1) *Quid his terris asperius, quid incultius oppidis, quid nationibus immanius?* (Cic.)

gueurs des climats des Gaules ; mais, en digne agronome, en physicien éclairé, et s'appuyant d'ailleurs sur le témoignage d'un auteur plus ancien que lui, il dit : « Ces contrées, qui, par la longueur des hivers, ne pouvaient faire fructifier ni la vigne ni l'olivier, ont maintenant une température fort adoucie (1). »

Hérodian, Diodore, Athénée, disent qu'on ne pouvait faire mûrir le raisin dans l'intérieur des Gaules (2).

L'Italie, au surplus, à la même époque, n'avait pas un climat beaucoup plus tempéré, car, du temps de Tarquin l'ancien, contemporain d'Ambigat, il n'y avait pas un seul pied d'olivier (3).

---

(1) *Quæ regiones propter assiduam hiemis, nullam stipem vitis aut oleæ depositam, custodire potuerint, at nunc jam mitigato et intempescente.* (Col.)

(2) Quelques personnes douteront peut-être de ce fait ; mais que diraient-elles, si on leur affirmait qu'il y a un département au centre de la France, celui de la Creuse, dans lequel il n'y a pas un seul petit vignoble? Ce fait est une preuve nouvelle que le sort de la vigne et les plus hautes qualités des vins dépendent, avant tout, de la composition du terrain.

(3) *Oleam omninò non fuisse in Italia, Tarquinio prisco regnante.* (Plin.)

On pense généralement que les Gaules, dans les temps anciens, étaient toutes couvertes de forêts; c'est une erreur que la simple observation de certaines plaines et l'ordre physique végétal peuvent détruire facilement. Nos plus anciens historiens, quand ils signalent des contrées couvertes de forêts, nomment toujours la Brie, le Perche, la Bresse; César, Strabon et la table Théodosienne signalent constamment les Vosges (1) comme couvertes d'immenses forêts; mais, d'un autre côté, quand il est question de la Champagne, les plaines sont toujours nues, et au loin découvertes (2).

La dernière catastrophe du globe a laissé à découvert des chaînes de montagnes dont les immenses plateaux, formés de rochers graniteux ou d'un tuf impénétrable, ont à peine produit, dans le cours des siècles, des herbes ou des arbrisseaux; elle a surtout laissé de vastes plaines qui, sans eaux, sans mouvemens de pente, et gisant d'ailleurs sur

---

(1) La table Théodosienne signale les Vosges comme une vaste forêt qui s'étendait même au-delà du Rhin.

(2) *Brieginus saltus, Perticus saltus, Brescius saltus... vgri catalaunenses aperti.* (Gall. Antiq.)

des bases de cailloux, de craie ou d'arène,
sont constamment rebelles à toute culture;
on ne peut pas même supposer qu'il y ait eu
jamais des arbres.

La nature n'a point créé instantanément
les forêts; mais telle est sa puissance, qu'un
gland semé par elle peut produire une forêt
de chênes; l'arbre qui en provient prépare
lui-même, pour sa génération propre, le terrain qu'il obombre; s'il est fort ou argileux,
ses racines le divisent, et le rendent plus accessible à l'air et aux météores; les feuilles
ensuite, par leur décomposition annuelle,
augmentent superficiellement les couches de
terre végétale. Les glands qu'il produit trouvent ainsi une nouvelle matrice féconde et
fertile, de laquelle d'âge en âge, et par les
mêmes moyens, il sort des massifs d'arbres
et des forêts, qui d'abord couvrent les vallées
d'origine, dans lesquelles les pluies, les ro-
sées et les rayons du soleil plus concentrés,
ont successivement fait des amas de fertilité;
du fond de ces vallées, et de proche en proche, les arbres s'étendent vers les cimes que
les arbres ont préparées à la végétation.

Nos vains amateurs, loin de suivre cette
grande et simple leçon que donne la nature,

avides de jouir, ou présomptueux de quelques
théories, entreprennent au contraire à la fois
tout leur terrain, et précisément à l'inverse
du mode de la nature ; car, pour se créer des
aspects, ils garnissent d'abord les coteaux,
mais presque toujours aussi ils sont frustrés
dans leurs travaux. Que d'exemples je pourrais citer, et dans la seule Bourgogne !

Si les Gaulois, parvenus à exister en corps
de nation, avaient eu autant de forêts qu'on
en suppose dans le vulgaire, ils n'eussent pas
manqué d'en faire disparaître pour favoriser
le pâturage des troupeaux. Les druides et les
peuples n'auraient pas manifesté, dans tous
les siècles, un respect si religieux pour les
forêts et pour les arbres ; il faut plutôt en
tirer la conséquence qu'ils considéraient les
forêts existantes comme essentiellement utiles
à leur régime de vie.

Il y avait sans doute une immense étendue
de forêts, et ce ne serait peut-être pas trop
s'éloigner de la réalité, que de la supposer
égale à l'espace que les fleuves, les rivières,
les lacs et les sources ont pu atteindre ou
baigner dans l'origine ; mais, dans cette hypothèse même, le climat devait être extrême,
et les saisons se réduire à l'hiver et à l'été.

Laissons, au reste, les conjectures, et attachons-nous à des faits qui déposent en faveur d'une température habituellement rigoureuse.

L'urus ou l'uroch, taureau sauvage, le plus grand et le plus terrible des quadrupèdes du continent européen, en occupait les vastes forêts du Nord; il y dominait tous les autres animaux, et les plus féroces mêmes. Strabon et Isidore en parlent comme d'un animal indigène à la Germanie et aux Gaules. César le dit grand à peu près comme un éléphant (1); il était si fort, que, dans son courroux, il renversait un arbre; une épaisse crinière ombrageait sa tête et couvrait la moitié du corps; ses cornes étaient si grandes, au rapport d'Athénée, qu'elles pouvaient contenir jusqu'à quatre pintes (2). Il était paisible quand on ne l'attaquait pas; mais si on l'irritait, il devenait terrible. Un tel animal, par son énorme structure, fut nécessairement indomptable;

----

(1) *Paulò infrà elephantos; magna vis et magna velocitas.* (Cæs.)

(2) *Cornibus tam amplis, ut tres ac quator congios capiant.* (Idem.)

il devait être une riche proie pour les Gaulois, qui vivaient de chair crue.

.. La chasse de l'urus était la plus honorée (1),
parce qu'elle était la plus dangereuse ; celui
qui en tuait un, avait de droit le titre de
brave, et, dans les festins, l'honneur de boire
dans une corne d'urus ; cet usage était si répandu, que, du temps de César, les Gaulois
garnissaient en argent les bords de ces cornes (2).

La ruse fut sans doute employée pour surprendre un tel animal. César, à qui rien n'a
échappé, a dit (3) qu'ils les prenaient dans
des fosses masquées ; mais il est permis de
douter que ce mode ait fait décerner le titre
de *brave*. On peut bien croire plutôt que les
Gaulois ont terrassé l'uroch, quand on a vu
Pepin-le-Bref, en 762, tuer, dit-on, dans l'a-
rène de Ferrières, un taureau et un lion fu-
rieux.

M. de Buffon prétend que l'urus est notre

---

(1) *Magnam ferunt laudem id.* (Cæs.)

(2) *Cornua studiosè conquisita ab labris argento circumcludunt, atque in epulis amplissimis, pro poculis utuntur.*
(Idem.)

(3) *Foveis interficiunt.* (Idem.)

taureau dans un état sauvage, qu'il ne diffère
du bison et du bubale que par des variétés
accidentelles, et que c'est la domesticité qui
a causé ces variétés. Il est bien difficile de
concilier un tel système avec la déclaration
et la description de Jules César et de Strabon
sur ce même quadrupède.

Quoi qu'il en soit, l'urus s'est insensiblement retiré des forêts des Gaules dans celles
de la Germanie; les derniers ont été vus dans
les Vosges, et, par suite, en Pologne : on peut
justement douter, d'après le silence des voyageurs, qu'il en existe même en Sibérie (1).

---

(1) On montre au Jardin du roi deux bubales venus du
Nord, et qu'ont dit être deux urus. J'ignore si cette dernière dénomination provient des gardiens ou des savans du
jardin; mais il y a une si grande différence entre ces bubales et l'uroch des Gaules, qu'on ne peut pas même se
permettre une supposition de dégénération. Je tiens cependant de M. de Choiseul qu'il y a encore en Pologne de
vrais urochs; que les seigneurs polonais et le gouvernement veillent à la conservation de l'espèce : c'est de lui
encore que je tiens le fait suivant, qu'il faut aujourd'hui
un décret de l'empereur de Russie pour tuer un de ces
animaux. Mais, telle chose qu'on fasse ou ordonne, on
peut prédire qu'avant un siècle ce sera encore une espèce
perdue.

Il y avait, dit César, beaucoup de rennes et d'élans : *Bos cervi et alces;* ces deux espèces se sont également réfugiées dans le Nord.

D'après les plus anciens historiens, les Gaulois auraient connu le cheval; mais il serait très-difficile d'en assigner l'époque, car on ne peut pas dire qu'il soit indigène aux Gaules; l'âpreté du climat et la profondeur des forêts, remplies de bêtes féroces, ont été manifestement contraires à l'être de ce quadrupède, et alors même qu'il n'appartenait qu'à la nature.

L'Asie mineure est généralement regardée comme le lieu de la terre où sont apparus les premiers chevaux; dans cette hypothèse, les Gaulois, lors de leurs premières grandes émigrations, y ont pu reconnaître et apprécier le cheval, et en faire une de leurs conquêtes.

Pline et Strabon disent bien qu'ils ont vu dans les Gaules des troupeaux de chevaux et d'ânes sauvages; mais il y avait déjà plus de six siècles que les Gaulois avaient opéré de grandes émigrations en Asie. Il convient de faire encore la remarque des différences des climats du midi des Gaules avec ceux du Nord. Le climat de la Péninsule d'ailleurs, qui est presque africaine, peut avoir offert des chevaux et des ânes long-temps avant la Celtique et la Belgique.

L'âne, d'après Aristote, a été plus long-temps à s'acclimater dans les régions du Nord, où les chevaux, continue-t-il, naissent blancs, et dont le poil est long comme celui des ours : tels étaient à peu près aussi ceux de la Germanie.

Chez les Grecs, au temps d'Homère, le cheval ne servait qu'aux chars et aux exercices de voltige.

Il n'en est pas question dans les dénombremens des troupeaux des Hébreux (1).

Les Romains ont été très-long-temps également sans se servir du cheval pour la guerre, et cependant il y avait des chevaliers sous leurs premiers rois.

Quand les Espagnols abordèrent au Mexique, le cheval n'y existait pas.

Il est de fait, cependant, que les Eubages faisaient élever dans les Gaules des chevaux blancs qui servaient à la pompe des sacrifices; c'est du moins ce qui résulte du témoignage de Thomas d'Autun, dans sa *Républi-*

____

(1) *Voyez l'Histoire de l'agriculture des Hébreux.*

que des druides; il dit même que les premières
médailles gauloises portaient l'empreinte du
cheval.

A telle époque, au surplus, que les Gaulois aient connu le cheval, il est certain, du
moins, qu'il leur était devenu très-nécessaire,
et long-temps avant que les Romains eussent
pénétré dans les Gaules. Est-ce par eux-
mêmes ou par les Scythes, lorsqu'ils ont par-
couru l'Epire et la Macédoine, qu'ils ont soumis la cavale à leur fournir du lait pour faire
la boisson qu'ils trouvaient si délicieuse?
C'est ce qui sera toujours un doute.

Xénophon attribue aux Perses la gloire
d'avoir dompté le cheval ; c'est une question
qu'il serait difficile de résoudre d'une manière satisfaisante, car d'autres auteurs pré-
tendent que ce sont les Parthes, d'autres les
Sarmates. Selon Xénophon encore, les Perses
auraient trouvé le secret de durcir la corne
du cheval; on doit le croire, puisque la cavalerie faisait alors de longs trajets dans des
pays très-difficiles par la nature du sol, tel
que celui de la Grèce. Les Romains, plus
tard, en ont senti le besoin et les avantages ;
car ayant fait l'observation que les eaux des
marais de Réate durcissaient la corne du

cheval, ils en avaient réservé exclusivement
ce pâturage pour la cavalerie (1).

On doit croire facilement que les Gaulois
avaient fait augmenter considérablement le
nombre des chevaux sur leur territoire, puisqu'ayant été maîtres de la Macédoine, ils
avaient pu en enlever tous les haras et les
cavales (2). On doit présumer encore que les
Gaulois faisaient un usage habituel du lait de
la cavale. Mais suivaient-ils le moyen imaginé
par les Scythes pour en obtenir long-temps
encore après le part à toutes fins? Je le rapporte, ici, parce qu'il est très-curieux pour
les physiologistes, et parce qu'il prouve encore jusqu'à quel point l'homme sauvage ou
barbare qui observe, peut être heureux dans
ses inventions : ce moyen consistait à faire
souffler par des esclaves dans les parties naturelles de la cavale; les veines lactées s'en-
flaient, et, malgré elle, son lait se répandait.
On sait d'ailleurs que les femelles qui nour-
rissent, lorsqu'on leur enlève leurs petits,

---

(1) *Reatinæ paludes in quibus ungulæ jumentorum in-
durantur.* (Cluv., *Antiq. Ital.*)

(2) *Viginti millia equarum nobilium ad genus facien-
dum, in Macedoniam.* (Just., l. 9.)

ont la faculté de retenir leur lait : tel on le voit faire ainsi, chaque année, aux vaches, aux ânesses, auxquelles on a enlevé leur nourrisson (1).

La question sur les climats des Gaules nous conduit à rappeler l'existence de quelques animaux qui en sont disparus, tels que les ours et les sangliers blancs, les élans, les castors ; et parmi les oiseaux, le cygne, le héron (2), la cigogne.

---

(1) Les cavaliers scythes, qui ne quittaient pas le cheval, avaient besoin d'esclaves à pied pour les servir : tels nous verrons, dans les siècles de la chevalerie, les croisés, les cavaliers nobles, les preux chargés du casque, de la cuirasse, de cuissards, de brassards, de talonnières, etc. Il fallait trois à quatre piétons, manans, serfs ou vassaux attachés au service de chaque cavalier ; quand les Gaulois, que les preux, les nobles et même les bourgeois des temps anciens et ceux d'à présent méprisaient et méprisent encore, combattaient bravement, *à corps découvert*, comme les Spartiates et comme les Français de la grande armée ; c'est une différence qui n'a pas valu, de la part des historiens de la guerre et de la révolution, la plus légère observation de mérite ou de faveur pour les anciens Gaulois, qui sont toujours des barbares à renier.

(2) Il y avait immensément d'héronnières en France, jusqu'au dix-huitième siècle : il n'y en a peut-être pas trois maintenant. Je n'en connais qu'une seule à l'ouest de

Les ours et les sangliers blancs peuplaient en général les forêts des Gaules, et surtout celles des Vosges (1); tous ces animaux étaient pour les Gaulois le but de leurs grandes parties de chasse pour vivre, ou pour les grands festins.

On voit encore quelques ours et autres bêtes fauves sur les Alpes et les Pyrénées; mais on peut prédire qu'avant un siècle, il n'y en aura plus; y aura-t-il même des cerfs et des chevreuils? Cette question pourra surprendre; sur ce point, je me borne à dire qu'en 1810, on a fait prendre en Allemagne des cerfs pour les transporter dans les forêts impériales de la France. L'absence d'un tel animal, et son excessive rareté, n'est point aujourd'hui l'effet d'un climat opposé, mais bien celui forcé de la destruction des forêts : encore un peu, et il n'y aura plus de cerfs en France, où il y en avait des centaines de milliers sous Henri IV, et même sous Louis XIV.

Châlons-sur-Marne, à Ecury. Les propriétaires ont respecté la futaie où les hérons font leurs nids.

(1) *In quibus solæ feræ, ursi et bubali videbantur.* (*De vita S. Columban*, Chroniq.)

. Le castor était commun sur les bords de presque toutes les grandes rivières, entre autres sur ceux de la Meuse, du Doubs, de la Seine, de la Saône, du Rhône, etc. : ce fleuve a vu les derniers : à peine même y trouve-t-on aujourd'hui des loutres, dont les peaux étaient un grand objet de commerce sous Charlemagne.

· Le cygne ne vit plus, selon les lois de la nature, que dans les marais de l'Asie et de la Grèce ; il était autrefois très-commun dans les Gaules, qui étaient un des points qu'il affectionnait le plus dans ses émigrations ; la Charente, la Loire, la Seine, la Somme, et surtout l'Escaut, en étaient immensément peuplées. Paris et Valenciennes conservent encore des noms de lieux où ils se fixaient. Depuis plusieurs siècles, le cygne a quitté nos climats ; on n'y en voit que dans les hivers rigoureux. On nie hardiment encore que le cygne rende des sons mélodieux ; Rosset et Delille le disent dans leurs poëmes ; ils sont forts du témoignage de Buffon, qui n'accorde à cet oiseau qu'une strideur désagréable ; tous les orateurs, enfin, n'y voient qu'une allusion dans leurs panégyriques.

Le poëte grec Phile avait mieux observé ;
il dit :

Letho imminente cygnus harmonicum melos
Nectit, supremum carmine excipiens diem
Mortemque vitâ tutiorem judicans.
Erecta sursúm namque pennarum seges
Attemperatos callidè nervos refert
Quos Zephirus impellens, velut plectrum ferit
Ut ipse colli multi formi barbito
Concinat arte cantuum melodias
Queis nenias sui celebrat funeris,
Bacchatur autem spe (quod haud credas fere),
Desideratœ mortis horam sub necis.
Tu, cui nimis vitœ est amor cordi, videns
Cygnum, supremum desinas queri diem.

Virgile a confirmé la mélodie du cygne,
ainsi que Alleon et Troïl, Suédois.

Anacréon avait déjà jugé et expliqué le mé-
canisme des sons du cygne.

Cicéron en a dit : *Cygni non sine causâ*
Apollini dicati sunt, quod ab eo divinationem
habere videantur, providentes quid in morte bo-
num sit, cum cantu et voluptate moriuntur.
(Tusc. prima.)

Lucrèce a confirmé cette faculté dans son
quatrième livre (1).

____

(1) *Voyez* une note détaillée et curieuse sur le cygne,
dans mes *Géorgiques.*

Hérodian, Athénée, ont dit, il est vrai, qu'on ne pouvait faire mûrir le raisin dans les Gaules, ce qui ne veut pas dire qu'on n'y connaissait pas le vin ; ils n'ont voulu parler sans doute que des Gaules et des contrées couvertes de forêts ; car, dans tous les âges, la vigne a pu prospérer sur les côtes du littoral méridional, et même assez avant dans l'intérieur des terres. La Basse-Bourgogne en est une preuve positive et bien ancienne ; la ligne des climats vers le Nord a été d'autant plutôt franchie par la vigne, que le sol s'est trouvé calcaire ; il existe, au surplus, encore des exceptions qui justifient pleinement l'avis d'Athénée : la vigne ne peut se soutenir à Guéret, à Boussac, à Felletin, et elle réussit à Mantes et à Louviers, qui sont à plus de quatre-vingts lieues au nord.

Les acclimatemens successifs de l'olivier, du coignassier, du pêcher, du cerisier, de l'amandier, du mûrier et de maints autres végétaux du Nouveau-Monde, pourraient, du reste, fournir des notions plus sûres ou plus satisfaisantes sur les changemens des climats, que toutes les observations réunies des astronomes, et que celles du bureau des longitudes. Nos conquêtes en ce genre sont im-

menses et précieuses pour la vie et pour les
arts, mais nous en précipitons trop les causes ;
les générations à venir en souffriront. L'acclimatement du maïs seul promet en quelque
sorte, dans le Midi, ceux du cotonnier, de l'a-
rachide, et peut-être de la canne à sucre.

CHAPITRE V.

Considérations sur le culte des Gaulois. — Il n'a été celui d'aucun peuple. — L'adoration du soleil commune aux plus anciens peuples. — Le culte de la déesse Herta. — Analogie avec celui de la déesse Ida, chez les Phrygiens et les Romains. — Le culte des pierres très-répandu; circonstances particulières; sa durée. — Le culte consacré aux forêts. — Les Gaulois réputaient offense à la Divinité la construction des temples par des murailles. — La cérémonie du gui chez les Gaulois. — Description et opinion sur les propriétés du gui. — Les Celtes et les Francs ont appelé *guillanneux* ce que les Romains et les Aquitains ont nommé *strenia*. — Les Gaulois ont adoré ou vénéré les lacs, les rivières, les fontaines; faits et circonstances. — Le culte champêtre. — Considérations philosophiques; il n'a été consacré que sous le nombre *trois*. — Il y avait trois déesses champêtres; évènement relatif à Dijon.

LE culte des Gaulois est peut-être celui des grandes nations du monde qui offre le plus de méditations au vrai philosophe. On sait, en général, les noms des législateurs qui ont déterminé et fait organiser les cultes chez les Egyptiens, les Chinois, les Phéniciens, les Grecs, les Phrygiens, etc. : mais nul érudit, même systématique, n'a osé dire encore les noms de ceux qui ont institué et organisé le culte des Gaulois : cette première réflexion donne déjà une haute antiquité au culte drui-dique.

Si on le considère hors des accompagne-mens des passions et des intérêts de l'homme, il est pur, simple et sublime : adorer le Dieu suprême, croire l'âme immortelle, être brave et hospitalier : telle était l'essence de leur dogme.

Admettons que les Scythes, les Phocéens, les Phéniciens, et que les Grecs même aient abordé les Gaules et pénétré dans le centre, on conviendra, du moins, qu'il n'est rien resté du culte de ces peuples chez les Gau-lois; il y a eu, dit-on, des irruptions des peuples du Nord, mais on ne le prouve pas; et, en les supposant vraies, elles n'ont été, pour le culte gaulois, que ce que sont des torrens passagers qui se jettent dans un grand fleuve : il n'en coule que plus majestueux; si l'œil y aperçoit des nuances, les premiers flots qui surviennent les font disparaître.

Si on peut supposer qu'il y a eu une épo-que où, après l'apparition de l'homme, la terre a joui de quelques siècles de repos et

de paix, cette période appartiendrait incontestablement à celle où l'homme a adoré le
soleil. Les Perses l'adoraient; ils le nommaient *Mithra.* Quelle vive et grande impression cet astre n'a-t-il pas dû faire sur les
sens des premiers humains, puisqu'en le réduisant scientifiquement encore au seul titre
d'*astre concomitant,* il n'y a pas un homme
capable de réfléchir qui ne le contemple
avec le respect inné de l'adoration? L'athée
même, que l'idée de l'éternité importune,
s'il en médite la place, l'ordre, le cours et
les effets, en est consterné.

On ne peut accueillir l'opinion de M. Bailly,
que le soleil n'a été adoré que dans le Nord.
C'est là une philosophie toute parisienne.
Les Spartiates ont offert en sacrifice des
coursiers au soleil, sur le mont Taygète ou
Téléton : les Perses en ont fait autant (1).
Les Gaulois l'ont adoré sous le nom de *Bé-
lenus,* qui, en langue celtique, signifie *blond;*
mais le plus beau temple élevé au soleil, a
été chez les Incas.

Selon César, les Arverniens allaient cha-

---

(1) *Equos, soli sacratos.... Persæ venerantur solem
quem appelant Mythram.* (Just. Popinius.)

que année en grande solennité sur les plus
hautes montagnes, faire des sacrifices au soleil. Ne pouvant en exprimer la splendeur,
ils avaient imaginé l'emblême de la fécondité, par la représentation d'une femme à
deux rangs de mamelles. Une telle figure a
été trouvée à Arles; une autre, à peu près
pareille, a été long-temps vue au portail
de Saint-Germain-des-Prés, à Paris. Des érudits ont prétendu que c'était la Cérès *mam-
mosa* des Gaulois. Il y avait plusieurs divinités, mais ils mettaient au rang suprême le
grand *Teut*, qui avait plusieurs dénominations.

Pausanias croit que la première divinité a
été une pierre debout; il serait plus vrai de
dire que c'est la Crainte (1). Quoi qu'il en
soit, une des grandes solennités des Gaulois a été celle de la déesse *Herta* (2), par
laquelle ils croyaient célébrer le mariage du
soleil avec la terre. Chaque année, il y avait
un concours général dans les grands sanctuaires des druides; un char, attelé de deux
génisses blanches, portait la déesse; des

-----

(1) *Primus in orbe deos fecit timor.* (Pausan.)
(2) *Hert*, en langue celtique, signifie *terre*.

esclaves marchaient autour du char : arrivé au fond d'un bois ténébreux, le grand-prêtre faisait déposer la déesse, et là on sacrifiait des victimes humaines.

Je ne dois pas rappeler ce genre de sacrifice et de culte, sans faire observer que les Romains, dont les érudits français sont idolâtres, et desquels ils admirent tout, ont rendu le même culte à la déesse Ida, mère des dieux, qui n'était, comme la déesse Herta, qu'une pierre brute. On ne peut dire d'où les Gaulois tenaient leur pierre; mais j'éprouve de la satisfaction à rappeler que lorsqu'Annibal marchait sur Rome, le sénat envoyait des ambassadeurs au roi de Phrygie, afin de rapporter de Pessinunte la déesse Ida, qui y était en grande vénération.

Attale, qui en était roi, la remit aux ambassadeurs, après avoir ordonné une solennité. Instruit de l'arrivée de la déesse, le sénat ordonna que les premiers de Rome iraient la recevoir (1). Ce fut Publius Scipio qui fut mis à la tête de la députation : les dames les plus distinguées portèrent la déesse; la vertueuse Claudia ordonna le lectisterne.

____

(1) *Vir optimus hospitio exciperet.*

Ainsi donc, les Romains, plus de deux siècles après les Gaulois, honoraient Ida, qui au fond n'était que la déesse Herta.

Le culte des pierres offre partout encore des vestiges dans la France (1). On cite les pierres *levées* ou *levades*, *pointes*, *écrites*, *fites*, *fées*, etc. Les pierres, au surplus, étaient l'objet du culte des géans. « A Olympie, dit Homère, on avait consacré à Mercure d'innombrables tas de pierres, et les pierres en tas consacraient par le fait un champ, une plaine, une montagne. Tout, alors, en devenait sacré, les arbres, les fruits, les gazons et les animaux. On sait que le peuple d'Athènes, à certaines fêtes ou époques, allait verser de l'huile sur des tas de pierres.

____

(1) M. Baraillon, de la Creuse, s'occupait depuis long-temps des monumens laissés par les Romains, et de ceux antérieurs des Gaulois; le Bourbonnais et la partie orientale du département de la Creuse lui avaient offert des indications précieuses; il s'occupait à les recueillir dans un ouvrage historique, quand M. de Vathers, préfet de ce département, le manda près de lui. Malade, il s'excusa : le préfet ordonna de l'amener de force. Sa maladie, par le trajet, devint mortelle : il expira peu de temps après. Sa mort doit causer de profonds regrets à cet administrateur, qui est encore préfet.

Il était d'usage, chez les peuples du Nord, de consacrer les lieux de sépulture dans les champs et les bois ; dans ce cas, ils entouraient les tombeaux de tas de pierres (1). On a donné à ces files de tas de pierres le nom de *Chaussée des Géans* (2).

La preuve que ce culte a existé dans les Gaules, c'est que Charlemagne, en 789, a fait défendre d'aller faire des prières aux pierres votives (2).

Parmi tous les objets du culte des Gaulois, aucun n'a été plus général que celui des forêts ; car il retentit encore. La première cause en est due sans doute à leur majesté, à leur impénétrable profondeur. Rien, en effet, n'est plus majestueux sur la terre que ces dômes immenses et ombreux formés de milliers infinis de colonnes placées en désordre, à la vérité, mais qui n'en produisent qu'un plus bel effet ; les chapiteaux embellis de longs festons de lianes et de larges nappes

---

(1) *Bis sepulturæ in agris et sylvis... tumuloque aggestis lapidibus muniebant... qui gigantûm strata dicuntur.* (Cilic., dithyr.)

(2) *Lapidibus, in ruinosis locis, ubi vota vovent, nè...* (Capitul.)

de mousse que le temps et les météores ont nuancée de plusieurs couleurs ; et l'éternelle vie des troncs, au retour de chaque printemps, ont dû successivement élever et porter l'admiration de l'homme jusqu'à l'adoration. L'homme civilisé et les hommes des beaux-arts, au surplus, n'ont rien fait qui inspire aussi profondément la présence ou la puissance du Créateur du monde (1).

Les Gaulois regardaient comme une offense aux dieux de les enfermer dans des murs (2). Cicéron a dit à ce sujet : « On prétend dans plusieurs cultes que les dieux, aux-

____

(1) Lors de l'ambassade de l'empereur de Russie, en 1800, un secrétaire de l'ambassade a rapporté que les peuples qui habitent les bords de la Natka et de la Kama y adorent le soleil, et d'autres divinités subalternes ; que le sacerdoce y est exercé dans le sein des forêts et à l'ombre de quelques arbres antiques ; que leurs principales fêtes sont le nouvel an, les semailles et les moissons ; que, dans ces fêtes, on sacrifie un cheval, une brebis, une oie, un canard ; que les entrailles des victimes et les graisses sont brûlées, et le reste est préparé pour les festins ; que toutes les prières y sont adressées au soleil.

Extrait du Voyage de l'ambassade russe à Pékin, traduit de l'allemand, publié en 1807.

(2) *Cæterum, nec cohibere parietibus deos, nequè in*

(176)

quels tout doit être ouvert (1), ne peuvent être enfermés par des murailles (2). « Pline et Tacite disent que, dans le plus ancien culte, les arbres étaient un objet d'adoration. Claudian a dit la même chose (3), et Silius Italicus l'a répété en beaux vers. Un poëte écossais a fait, sur ce sujet, un distique fort expressif (4).

Aux plus beaux temps de la Grèce, les Athéniens, qui n'étaient pas des barbares, ont eu pour les bois un culte spécial ; partout il y avait des bois sacrés qu'ils nommaient Αλσος ou Αλση.

Les antagonistes des Gaulois, et même les

---

ullam oris humani speciem adsimilari, ex magnitudine celestium arbitrantur lucos, ac nemora consecrànt deorumque nominibus appelant secretum illud quod sola reverentia vident. (Tac.)

(1) *Parietibus includendos deos quibus omnia deberent esse patentia negant.* (Cic.)

(2) *Arbores fueri numinum templa, priscoque ritu, rura simplicia, etiam nunc et in ipsi silentia adorant.* (Plin.)

(3) *Lucos vetusta religione.* (Claud.)

(4) . . . .

Quem mare, quem tellus, quem non capit igneus iter
Clauditur in nullo spiritus ille loco.

(BUCHANAN.)

èrudits, ne manquent jamais de rappeler la cérémonie du gui, de cette plante parasite qui vit aux dépens des arbres, comme les courtisans et les flatteurs vivent aux dépens des cours des rois. Je ne sais moi-même pourtant ce qu'on pourrait dire pour justifier cette antique solennité.

On conçoit que le chêne, par sa force, par sa majesté et par sa durée, ait pu donner à l'homme quelque idée religieuse : toute l'antiquité en dépose (1). C'est par un chêne que s'expliquait l'oracle de Dodone. Abraham éleva son autel au pied d'un tel arbre ; il était consacré à *Zeus* (Jupiter); chez les Gaulois, il était la demeure favorite de leur *Esus*. Les plus anciennes familles de Rome se consacraient un chêne ; le chêne était consacré à Mars (2); le conseil des tétrarques de la *Galatie* se tenait sous des chênes (3).

---

(1) *Aventino suberat niger ilicis umbra.* (Ovid.)
Vetustior ilex... in quâ titulus, litteris religione arborem jam dignam. (Plin.)

(2) *Quercus antiqua, Marti era sacrata* (Idem.)

(3) *Tetrarcharum concilium... in locum cui nomen Drynœmeto.* (Strab.)

Mais, pour le gui, ce culte devient une énigme. Les druides l'ont-ils considéré comme un prodige, en ce que la plante, en quelque sorte aérienne, est toujours verte, qu'elle porte chaque année des fleurs et des fruits, et qu'elle n'a rien de commun avec les autres végétaux que le sein de la terre seul peut faire vivre? On ne peut rien affirmer. Quoi qu'il en soit, tous les ans, à la saison nouvelle, et invariablement le sixième jour de la première lune, il y avait dans toutes les Gaules une solennité générale pour aller cueillir le gui; tous les ordres des druides y participaient; les vaccies, les eubages, les sarronides, les bardes, tous ceux enfin qui participaient au culte divin, allaient en grande pompe cueillir le gui de chêne.

Le grand-prêtre, revêtu d'une robe de lin, ayant à la main une serpe d'or, suivait avec son cortége un char élégant attelé de deux taureaux blancs, liés sous le joug pour la première fois. Arrivé au chêne sacré, le grand-prêtre coupait lui-même, avec sa serpe d'or, la branche de gui, qu'il laissait tomber sur un voile blanc de lin; les chants, les acclamations du cercle pontifical annonçaient aux rangs éloignés le dépôt du gui sur le voile sacré. Le retour était manifesté par des cris de joie et par des danses ; des sacrifices et des repas publics couronnaient cette journée, à laquelle les Gaulois attachaient les destins et le bonheur de l'année nouvelle.

Cette cérémonie, comme tant d'autres, avait plus ou moins d'accompagnemens populaires ; pour les uns, le gui consacré était un contre-poison ; pour les autres, il rendait fécondes les femmes stériles ; pour ceux-ci, le gui, pris en breuvage, guérissait des maladies ; pour ceux-là, il portait bonheur en voyage. Combien les erreurs peuvent donc durer! Le gui, jusqu'au milieu du dix-huitième siècle, a été regardé par les médecins de France et d'Angleterre, comme un spécifique contre certaines maladies ; les droguistes achetaient fort cher le gui de chêne, mais il fallait qu'il fût encore attenant au rameau d'un tel arbre.

Dans le dix-huitième siècle, au 1er janvier, les écoliers, les enfans, les serviteurs, les filleuls, parcouraient les maisons pour demander quelques petits présens. Dans tous les pays de droit écrit, depuis le littoral de la mer jusqu'à la Loire, ces présens avaient le nom d'*étrennes*, dont l'étymologie se rapporte à la déesse *Strennia;* hors de la Loire, on les demandait sous le nom de *gui-l'an-neuf,* dont on ne faisait qu'un nom, *la guilanneux.*

On a dit que les Gaulois n'avaient aucune idée de la divinité, parce qu'ils adoraient le domaine entier de la nature; mais il me semble qu'une telle adoration prouve tout le contraire. Ils adoraient les montagnes, parce qu'elles leur donnaient les moyens de découvrir une plus grande immensité, et de voir plus tôt et plus long-temps le soleil. La plus célèbre, pour ce culte du moins, était celle des Vosges, où tous les savans ont reconnu le culte de *Mythra.* Ils adoraient encore les lacs, les rivières, les fontaines (1); ils adoraient dans leur profondeur et leur fluidité continue, une participation de la divinité, par les biens qui en résultaient pour la terre.

Les lacs les plus renommés dans les Gaules, étaient ceux du Gévaudan et de Toulouse. Ce culte consistait à faire des lustrations, et à y jeter des choses précieuses. Le consul Servilius Cépion connaissait bien ce culte, quand il ordonna le desséchement de

______

(1) *Certum est lacus ac paludes fuisse Gallorum templa antè Cæsarem.* (Strab., l. 4.)

celui de Toulouse, où il trouva un trésor immense, provenant en grande partie du temple de Delphes.

Chaque rivière avait son culte chez les Gaulois ; les Romains l'ont adopté. J'ai vu à Auxerre, dans la cour d'un boucher, un reste du temple de la déesse *Icaunia* (l'Yonne). La statue était visible par une extrémité, et paraissait d'un beau style. ·

Les Grecs aussi ont vénéré les fontaines (1); ce culte a duré long-temps dans les Gaules, car Grégoire de Tours s'en plaignait à la reine Brunehaut. Ce culte, au surplus, a des causes et un caractère qui méritent qu'on s'y arrête.

Les premiers législateurs ont senti le besoin d'inspirer à l'homme l'espérance d'un bonheur infini, et la crainte d'un châtiment éternel. Dieu même, sans doute, leur a dicté ou révélé ces grandes pensées; elles sont l'égide sacrée qui couvre le pivot sur lequel roule tout l'édifice social; mais descendons de ces hautes considérations, et plaçons-nous au milieu des peuples des champs, qui

---

(1) *Coluntur aquarum calentium fontes.* (Senec.)
Colunt, discreti, ut fons, ut campus, ut nemus. (Tac.)

ont le plus long-temps conservé les anciennes mœurs de famille. Nous ne cesserons de les voir partout opprimés, esclaves, avilis, et en quelque sorte regardés comme le *pecus* des grands acteurs, maîtres des scènes du monde. Abandonnés à eux-mêmes, et jetés si loin des divers foyers de la sociabilité, ils ont été conduits insensiblement à se créer eux-mêmes un culte presque terrestre, ou du moins un culte qui fût dans leur propre sphère. Ces distinctions ou ces lignes de démarcations ont été remarquées dans tous les lieux de la terre. Ainsi, quand les rois, les pontifes, les héros n'avaient de rapports immédiats qu'avec le souverain des dieux, les grands, les magistrats, les nobles et les prêtres, selon leurs rangs respectifs, avaient des dieux secondaires pour protecteurs, et les hommes des champs avaient leurs fétiches, leurs lares et leurs génies, gardiens de leur famille. Ovide, au surplus, avait cette opinion. « Dans le ciel, a-t-il dit, on voit d'abord la demeure du souverain-maître ; à droite et à gauche sont les palais des nobles ; le peuple y habite en divers lieux :

Est via sublimis cœlo
Hac... magni tecta tonantis

Dextrâ lævâque... atria nobilium
Plebs habitat diversis locis.

En Grèce, la Cérès des habitans de la campagne était une statue informe de bois ,
semblable à celle qu'honoraient les esclaves
en Egypte, et que les érudits ont nommée
Cérès-Pharia. Tertullien s'est exprimé avec
plus de détail sur ce culte spécial. Plus
simples et plus purs que les gens du monde ,
les hommes des champs ont aussi plus long-
temps persisté dans leur culte primordial ;
et comme si le haut-culte leur eût été étranger, ils ont semblé n'attacher de devoir et de
bonheur qu'à la conservation de leurs dieux
immédiats. Dans un effroi public, Rachel,
fille de Laban, chef pasteur, cacha sous elle
les dieux lares de la famille. Les Romains
plébéiens nommaient *penetralia* les lieux où
ils cachaient leurs dieux lares. Dans tous
les désastres, les Grecs, les Romains et les
Gaulois s'occupaient avant tout de sauver les
dieux pénates.

Cet ordre de choses ou d'idées n'a point
changé par l'extinction du paganisme. Sous
l'empire de la religion chrétienne, on a vu

les empereurs, les rois, les papes et les saints
les plus renommés, avoir des relations, les
uns avec Dieu, et les autres avec la Mère du
Sauveur. Ainsi, Jésus-Christ s'est montré au
grand Constantin ; Charlemagne et son fils
se sont fait les applications de plusieurs signes célestes ; la Sainte-Vierge s'est montrée
sensible à la foi et à la prédilection de saint
Bernard ; les quatre filles de Citeaux (1), le
13 mai de chaque année, célébraient la commémoration de ce miracle, pour lequel on a
fait ces deux vers :

Bernardi triplici guttâ quœ sparsit amictus
Dùm precibus matris comprimit ille sinum

Une très-belle vignette, au surplus, en
tête du bréviaire de Citeaux, montrait la
Sainte-Vierge, éclatante de beauté, expri-
mant du lait de son sein sur le pieux Bernard, l'orateur de la croisade de Vezelay.

Il est d'autant moins étonnant que les Gaulois aient divinisé les fontaines, que les Gal-
ló-Romains et les Francs avaient observé le

---

(1) On nommait ainsi les quatre plus riches abbayes.

même culte. Dans leur esprit comme dans leur raison, les fontaines faisaient le charme et le bonheur de leur vie ; ils voyaient d'ailleurs dans la pérennité de leurs eaux, dans leur être occulte et mystérieux, une volonté toute divine pour eux. Oracles ou pontifes à leur manière, les vieillards des champs auront appris ou divulgué des choses extraordinaires sur leurs fontaines respectives ; les uns auront dit que, pendant une saison brûlante, où les herbes étaient desséchées, où les troupeaux mouraient de soif, où les hommes mêmes étaient menacés de cette calamité, une source abondante, à leurs prières, après des sacrifices et des expiations, était jaillie des flancs d'un rocher ; d'autres auront fait considérer comme surnaturelles des fontaines qui, pendant les froids les plus rigoureux, et après les orages les plus violens, conservaient toujours leur fluidité et leur pureté ; ceux-ci auront révélé des guérisons miraculeuses ; ceux-là des effets de fécondité pour les femmes ; ailleurs, on aura fait annoncer des prodiges survenus après des lustrations faites avec des eaux de telle ou telle fontaine, et on aura ainsi successivement fortifié ce culte, qui, en définitive, remonte jusqu'à la connaissance de Dieu même.

Ausonne, qui a bien connu et observé les Gaulois, confirme toutes ces conjectures par ce vers :

Divona Celtarum lingua fons addite divis (1).

Ce culte, au reste, a de même existé dans la Grèce. Dans l'Arcadie, la fontaine Alyssa guérissait de la rage ; à Dodone, il y en avait une dont les intermittences déterminaient les oracles ; aujourd'hui même encore, les femmes, en Grèce, ne tirent pas d'eau d'un puits, sans dire trois fois de suite : « Puits, je te salue, toi et ta compagnie. »

Pour ne plus revenir sur ce sujet, anticipons sur les siècles à venir, et faisons observer que les prêtres chrétiens prendront le sage parti de s'approprier ce culte même, en mettant chaque fontaine sous l'invocation d'un saint ou d'une sainte. Ils ont permis, en effet, et d'après les évêques, qu'on pu-

(1) *Dew*, en langue celtique, signifie *Dieu*, et *wena*, une *fontaine*.

bliât sur les eaux de telle ou telle fontaine,
des miracles ou des effets heureux; on y a
institué des processions; on y a béni les prémices des fruits; on y a même autorisé les
immersions d'images, de statues, de figures,
de vêtemens et de voiles nuptiaux; on y a
construit des chapelles, des niches, et des
troncs en permanence.

De telles dévotions appartiennent à l'histoire de l'agriculture, telle que nous l'avons
considérée; la piété les a inspirées sans doute,
mais d'autres motifs les ont fait soutenir et
transmettre, et malgré même toutes les révolutions civiles et religieuses. Comme ces
pélerinages et les processions n'avaient lieu
que dans la belle saison, il y avait toujours
un grand concours de peuple. Les uns venaient offrir pieusement les prémices de leurs .
fruits; les autres y apportaient, pour vendre,
des objets d'industrie ou des primeurs; de
sorte que les devoirs du culte remplis, ces
assemblées devenaient des foires ou des mar-
chés. Les paroisses s'en retournaient en
masse; la musette égayait leur marche; il y
avait donc alors quelques instans de bonheur!

L'édification des temples a été la plus grande
révolution dans le culte des Gaulois; il serait

téméraire d'en dire les causes ; mais on peut justement présumer qu'elle est due à la grande fréquentation des Gaulois avec les peuples qui suivaient le culte olympien.

Les Gaulois crurent facilement voir leur dieu *Tis* dans Jupiter, et leur *Esus* dans Mars.

Ce fut un trait de génie de prosélytisme, que de mettre dans les mains de Jupiter une belle grappe de raisin.

Le culte à Bacchus suivit immédiatement ; les Allobroges les premiers lui ont élevé un temple à Vienne ; le dieu y était chargé de grappes de raisins, et représenté à la manière du dieu des jardins ; cette statue, d'un très-beau style, mais trop libre, fut envoyée, du temps de Médicis, à Fontainebleau.

Nos antiquaires, ou plutôt nos historiens explorateurs de l'antiquité, ne se sont occupés que des monumens des peuples étrangers, quand il y en avait dans les Gaules dignes d'être transmis à la postérité, dans l'intérêt de l'histoire et des arts ; car il n'y avait pas de sanctuaire sans quelques monumens, quels qu'ils fussent. Celui du grand-prêtre Chindonax en est une preuve pour tous les autres. Le docte Caylus n'a pu sauver de l'oubli les antiquités gauloises, dont nos artistes ignorent absolument les destinations, le style et les formes.

Le culte champêtre proprement dit, pourrait seul offrir une admirable composition sous la plume d'un écrivain qui serait plus sobre d'érudition que le respectable Dupuis, et qui serait moins prodigue aussi de couleurs brillantes que l'auteur des *Martyrs*.

L'homme des champs, bien compris, a été constamment plus sage, plus juste et plus pieux que l'homme des cours et des cités ; la sincérité en est le plus beau caractère ; il a été d'ailleurs le moins variable, et incontestablement le plus pur.

Si je ne sortais pas des limites que je me suis imposées, je pourrais indiquer des matériaux dignes d'être mis en œuvre par un habile écrivain qui réunirait à une aimable et douce philosophie, un style dont les couleurs pourraient être avouées par tous les vrais amis de la nature. Je me borne donc à en faire la remarque ou l'observation.

Un singulier caractère du culte champêtre, est celui de n'avoir consacré que sous les auspices du nombre trois ; il a été tel chez les Grecs, chez les Romains, et n'est-il pas étrange que ce nombre trinaire mystique ait traversé tous les siècles, et qu'il ait résisté aux attaques si fortes et si puissantes des ariens?

Le Père Montfaucon a donné un soin tout particulier aux institutions du culte champêtre : il a été moins dédaigneux que les historiographes. Il nous apprend qu'au commencement du seizième siècle, on avait trouvé à Dijon, dans une fouille, les trois déesses champêtres ; deux d'entre elles offraient des attributs et des signes qui annonçaient qu'elles favorisaient la fécondité, mais que la pudeur réprouvait ; elles furent mises en pièces. La troisième avait dans sa main des fruits et des plantes. Comme elle était d'un beau style dans sa pose et son exécution, elle excita l'admiration publique ; les moines et le peuple y virent une déesse qui protégeait les vignes et les fruits, et bientôt un culte public lui fut consacré. L'évêque et les magistrats ne trouvant point le nom de la sainte dans la légende, étant informés d'ailleurs de la réalité de la découverte des trois statues, défendirent les processions et les actes votifs ; mais le peuple n'en tint aucun cas ; il fallut faire enlever la statue conservée.

Je ne terminerai pas ce chapitre sur le

tulte champêtre, et spécialement sur celui
des Gaulois, pour *les forêts, les bois et les
arbres,* sans faire observer à ceux des lecteurs dont les pensées se reportent aux intérêts de la patrie dans l'avenir, les grandes
conséquences qui résultent de la disparition
extrême des eaux et forêts. Si j'anticipe ici
sur les siècles qui nous séparent de l'ère des
Gaulois, c'est que je ne peux prévoir le terme
où je pourrai arriver à l'époque où je dois
rendre un compte historique et chronologique des évènemens qui se rapportent à
l'histoire de l'agriculture, dans laquelle *la
destruction des bois* sera une des plus nota-
bles parties ; je veux du moins, à mon début, tâcher de frapper l'opinion relativement
au système déplorable de la législature et du
gouvernement, sur la destruction des bois,
sans lesquels le sol tend partout à devenir
désert, inculte, rebelle et insalubre ; car, dans
l'ordre de la nature, et d'après les lois de la
physique, l'abondance des eaux dépend de
celle des bois. Ces hautes combinaisons, qui
sont révélées à l'homme par la nature elle-
même, constituent en effet le maintien des
climats, la fertilité du sol, et les heureuses influences de l'air et des météores.

J'ai déjà donné de tels avertissemens dans mon ouvrage sur les forêts, dans lequel presque tous les faits *sont officiels ou authentiques.* Quinze ans se sont écoulés sans que ni l'Académie des sciences, ni le gouvernement, que j'en ai instruits, et importunés, peut-être, y aient fait la moindre attention ; jamais, au contraire, les destructions n'ont été plus vastes et plus rapides ; car, indépendamment de l'esprit d'égoïsme, qui ne fait que s'accroître, et de l'agio, qui domine aujourd'hui toutes les classes, celles mêmes des agriculteurs et des artisans, la législature et le gouvernement, par leur système inconsidéré sur les finances, provoquent sans cesse ce genre de destruction. Je n'espère pas être plus heureux par cette nouvelle allocution, que j'adresse formellement et à ceux qui gouvernent, et à ceux qui participent à la législature ; mais la conscience me la dicte, et j'y cède d'autant plus en ce moment, que d'ici à quelques mois, les hommes sages, que les temps passés éclairent, pourront du moins, peut-être, en apprécier le mérite. Combien je m'en applaudirais, si je parvenais à inspirer quelque pieux effroi sur le sort de la patrie dans l'avenir ! Je serai court dans mes

explications ; quant au fond, je me réfère à
mon ouvrage sur les forêts.

On vient de voir que les Gaulois, pour
suppléer le sol, étaient dans l'usage de faire
de grands abatis de bois.

On vient de voir que, dans le cours non
interrompu des fureurs de la guerre, on avait
adopté dans toute l'Europe l'usage de couper
et de détruire tous les bois qui environnaient
les cités et les forts, afin de se tenir en garde
contre des irruptions, et que ces immenses
éclaircis avaient été nommés des *marches*.

On sait, par l'histoire, que Darius, Alexandre, Denis-le-Tyran, et tant d'autres, or-
donnaient de telles destructions, et que le
dernier avait juré, dans une de ses guerres
d'extermination en Grèce, de ne pas laisser
un seul arbre debout.

L'Angleterre expie encore les dévastations
ordonnées par les Romains ; malgré tous
ses efforts, elle en ressent aujourd'hui les
sinistres effets, et presque l'impossibilité de
conquérir des forêts nouvelles.

Sous la première, la seconde et la troisième race, il y a eu, jusqu'à Louis XIV, une
dévastation générale, et surtout de la part
des usufruitiers féodaux, engagistes, apana-

gistes, évêques, abbés, moines et chapitres.

L'ordonnance de 1669 avait un peu suspendu ces destructions, et je ne peux mieux faire et dire sur un tel sujet, que d'inviter ceux qui douteraient, à lire le préambule de cette ordonnance, que Louis XIV vint faire enregistrer lui-même au parlement. C'est ce préambule, composé par des magistrats d'élite, qui doit épouvanter tout homme de bien ou de bon sens, sur le sort de la France dans son avenir immédiat.

Sous Louis XV, les famines et les disettes désolaient continuellement le royaume ; pour répondre à ces cris de désolation, on ordonnait d'arracher les vignes, on défendait d'en planter ; on poussait partout à faire des défrichemens, qui profitaient aux décimateurs ; on accordait pour ces œuvres des primes ou des priviléges. Les ministres, les intendans, et même les grands maîtres d'eaux et forêts, fermaient les yeux sur les destructions des bois et futaies, quand elles avaient pour but des défrichemens. Ils faisaient plus encore ; ils accordaient des récompenses ou des faveurs à ceux qui défrichaient, et ils n'en exceptaient les bois que pour la forme.

Au milieu du dix-huitième siècle, il s'éleva

en France un grand nombre de grands et moyens fourneaux de verreries et d'usines, pour lesquels il ne fallait que du charbon de bois ; et dès-lors on vit disparaître une étendue immense de gaulis et de futaies, dont les souches furent mises en bois taillis, à couper tous les quinze ou seize ans.

Il y avait, il faut l'avouer, à cette époque même, beaucoup de grands-maîtres des eaux et forêts, qui tenaient encore rigoureusement la main à l'exécution de l'ordonnance de 1669 ; mais le haut-clergé, qui depuis dix siècles était en possession de se mettre en exception pour l'exécution des lois d'ordre commun, trouvait toujours le moyen de disposer de ses bois, et surtout des quarts de réserve, qui offraient de plus grandes sommes à son avide égoïsme. Là, tel évêque faisait dresser, sans contradicteurs, des procès-verbaux qui établissaient le mauvais état ou la ruine des bâtimens de l'évêché ; ici, des évêques et des abbés, déjà vieux, s'entendaient avec leurs fermiers, pour laisser d'abord en vaines pâtures des parties de bois dans lesquelles il y avait de belles futaies. Une enquête sur le mauvais état des arbres était faite ; on se soumettait à défricher, et le titulaire obtenait aussitôt du gouvernement la permission d'en vendre la superficie, etc.

Les bois du domaine et des apanages étaient devenus les ressources habituelles des ministres et des usufruitiers ; pour n'en citer qu'un trait, c'est avec des coupes extraordinaires dans la forêt de Compiègne, qu'on a fait bâtir la salle de l'Opéra de la Porte-Saint-Martin.

En 1789, il n'y a plus eu de frein pour garder les forêts, les bois et les arbres. L'Assemblée constituante n'a eu ni la sagesse ni le courage de soutenir l'exécution de l'ordonnance de 1669. Un horrible arbitraire, un pillage presque général a éclaté pendant sa session même ; elle a cru satisfaire à ses devoirs, en sacrifiant à l'intérêt privé, c'est-à-dire à l'agiotage, les parties de forêts de deux à trois cents arpens, et tous les bois et boquetaux des biens du clergé et du domaine ; partout la hache révolutionnaire, même avant le paiement des annuités, a fait disparaître tous les arbres forestiers et fruitiers, et jusqu'à ces ormes antiques que la voix du peuple nommait *des Rosny* (1).

____

(1) A l'armée des Pyrénées, laissée sans solde et sans

Dans le dix-neuvième siècle, la destruction a continué avec tous ses désordres; on a vendu les bois du domaine; mais, pour les vendre plus cher, on a autorisé, ou du moins on a gardé le silence sur les défrichemens. Les propriétaires de bois, d'une part, usant de toute la latitude déférée aux propriétés privées, ont vendu ou défriché arbitrairement les bois qui leur offraient immédiatement des capitaux.

De nos jours, un grand personnage a vendu les bois taillis d'un vaste cantonnement, avec la faculté aux acquéreurs d'en couper les vieilles écorces (1).

---

vêtemens, on se payait en bois coupés et vendus aux villes voisines.

(1) Il est bien aisé de dire, l'intérêt privé suffit pour conserver ses bois. Cela est vrai, quand on possède des milliers d'arpens, qu'on met ou qu'on peut mettre en coupes annuelles; car c'est alors un produit, comme celui des prés; mais le propriétaire qui n'a que des parties de bois isolées, différentes de sol et d'espèces, ne tient pas le même langage. C'est là une distinction que n'ont pas faite les gens de la théorie, les ministres et les députés, qui ne connaissent que les grandes forêts. La propriété privée, à petites quotités, a eu et aura toujours sa tendance à convertir ses revenus de vingt, vingt-cinq à quarante ans, en

L'agio poursuit toujours de sa hache terrible les restes des forêts du domaine; et
c'est la législature elle-même qui, jetant un
voile sur l'avenir de la patrie, propose et
pousse à la vente des dernières forêts. Faciles à mettre leur conscience et leur science
à l'aise, tous les orateurs se confient au nouveau Code forestier, qui n'est qu'une triste
et faible détrempure de l'ordonnance de 1669;
ils n'ont pas voulu voir qu'à cette époque il
y avait en France plus de milliers d'arpens
qu'il n'y en a de centaines aujourd'hui; ils
n'ont pas voulu voir que l'influence des bois
ne se borne pas aux grandes masses, et que
la bienfaisance générale des petits bois, boquetaux, et celle même des arbres, se com-
binent dans l'atmosphère avec celle des grandes forêts; ils n'ont pas voulu voir, enfin, que
la révolution, par suite de la vente des do-
maines nationaux, avait fait disparaître tous
ces agens isolés, aussi chers et utiles à la
nature qu'à la patrie.

---

revenus *annuels* : cause générale de la destruction des
bois, dont les parties aliquotes formaient, avant 1789,
plus de 10 millions d'arpens, et dont l'influence est à jamais perdue pour la patrie.

_ Les financiers, aujourd'hui, dominent à un tel point l'opinion, que les députés des départemens croiraient passer pour des bourgeois provinciaux et bornés, s'ils ne faisaient pas cause commune avec les directeurs du système adopté pour la haute finance, et au sort de laquelle on associe la politique. Les chefs insinuent à l'oreille qu'il importe à la tranquillité de l'Etat que le clergé ne redevienne pas possesseur des bois, parce qu'il en abuserait. Cette opinion, j'en demande pardon à nos financiers les plus estimés, n'est qu'un vain prétexte ; car il eût été trèsfacile de leur imposer des lois ou règles de conservation et de contribution par l'impôt. L'ordonnance de 1669 avait prévu d'ailleurs toutes dilapidations. Mais comparons maintenant le sol forestier tel qu'il était dans les dix-septième et dix-huitième siècles, quand il y avait des lois d'état sur les bois du domaine, sur ceux du clergé et de la mainmorte, à celui dans lequel se trouve aujourd'hui la malheureuse France, relativement à ses eaux et forêts ; on conviendra du moins que, malgré les dilapidations partielles des courtisans et du clergé, il se trouvait encore à la révolution, en 1789, une grande masse

de forêts, de bois et d'arbres dont la disparition est une calamité pour la patrie.

Dans une telle question, on ne doit pas
considérer les intérêts privés, mais ceux de
la patrie ; il lui importe peu que les bois
soient possédés par des moines ou par des
bonzes, pourvu que les influences et les
bienfaits qui en résultent continuent leur action sur l'air, le sol et la fertilité. Si les bois
encore n'avaient fait que changer de mains,
et qu'on eût imposé une rigoureuse conservation aux acquéreurs, il y aurait eu moins
de dilapidations. Mais ce branle de destruction ne se borne pas à la destruction des
arbres privés ; il envahit jusqu'aux arbres des
routes, qui semblent être en état de saisie
réelle avec brandons. Une grande accusation morale s'élève contre le directeur-gé-
néral des routes : coupable indifférence ou
ignorance, qui se manifeste aux arbres mêmes des boulevards de Paris, si essentiellement utiles à la salubrité publique.

La maxime nouvelle, que chacun est maître de faire de sa propriété ce qu'il lui plaît,
et que l'intérêt privé suffit pour faire conserver les bois, a porté un coup mortel à leur
conservation ; aussi est-il arrivé que les pro-

priétaires de cette partie du sol, et, par suite,
les acquéreurs, ayant calculé ce que coûte
l'impôt foncier annuel pendant vingt-cinq,
trente, quarante ou soixante ans, se sont mis
partout à couper et à défricher, pour se
composer des capitaux de rentes, dont les
intérêts se paient tous les six mois, sans
craindre ni garnisaires ni météores, ni sé-
quelles de centimes additionnels. Il ne faut
pas, en effet, un grand effort de raisonnement pour préférer un revenu de 5 pour 100
net et assuré, à un revenu de 2 et demi
tout au plus, déjà absorbé en partie par le
paiement annuel de l'impôt.

Le nouveau Code forestier est plutôt une
paraphrase qu'un code, car ses mesures s'é-
vanouiront aussitôt qu'un propriétaire en
aura formé la résolution.

Si les hommes du gouvernement et de la
législature avaient été bien pénétrés, comme
les Sully et les Colbert, de l'utilité et de la
nécessité des bois, de leur grande et active
influence, ils auraient organisé une législation relative au dénuement dans lequel se
trouve le sol de la France ; ils auraient, au
contraire, interdit toute vente ultérieure ;
mais au lieu de profiter de ce qui reste en bois

pour opérer l'amortissement de la dette, ils
auraient employé une partie majeure des revenus à faire semer et planter ; ils auraient
modéré l'impôt foncier sur les bois, en lui
assignant une décroissance proportionnelle ;
et jusqu'à cinq centimes, pour ceux qui seraient déclarés et maintenus en gaulis ou
futaies.

Ministres et députés, vous avez déjà vendu
des bois pour des milliards ; la France en
est-elle plus riche, et *sans dette?* Quand vous
aurez vendu tous les bois et forêts existans,
que vendrez-vous ensuite, dans des circonstances de guerre ou de péril pour la patrie
et le trône? Vous trouverez peut-être ces
vérités trop dures, mais je n'hésite pas à les
dire, quoique bien certain que l'esprit de
corps, le système et l'agio s'en moqueront ; ils
s'en irriteraient même, si la plume qui les trans-
met appartenait à une coterie ou à un parti.
A toutes fins, je cède à ma conscience, telle
obscure qu'elle soit, car je n'aurai peut-être
pas le temps de démontrer, à l'époque relative de l'histoire de l'agriculture, les principes d'administration, et toutes les influences
physiques et économiques de bois.

CHAPITRE VI.

L'origine et le cours des sacrifices humains chez les plus anciens peuples. — L'injustice des Romains envers les Gaulois, à ce sujet; les Romains ont été plus extrêmes. — Les Gaulois méprisaient la mort pour eux-mêmes; ils sont justifiés, relativement aux sacrifices, par des exemples anciens et modernes. — L'opinion de Pasquier. — Les druides, leurs fonctions, leurs sciences, leur théologie ou philosophie. — Les plus augustes et honorables témoignages les élèvent au premier rang des philosophes de l'antiquité. — Attributions respectives des druides.

Il y avait à peine des familles, que les *sacrifices humains* étaient considérés comme un des plus grands moyens de plaire au dieu suprême, ou de désarmer sa colère. Plus on remonte aux temps reculés, plus on trouve que le choix des victimes a principalement porté sur les êtres les plus chers, et même dans les familles des rois. Les Gaulois n'ont pas dû être exempts de cette impression ou de cette croyance, presque générale sur la terre.

(204)

Les Egyptiens ont offert des vierges au Nil; ils sacrifiaient habituellement des hommes roux au soleil; les Phéniciens immolaient des femmes et des enfans; les Ethiopiens choisissaient des garçons pour les offrir au soleil; pendant une peste, à Athènes, l'oracle de Delphes ordonna de sacrifier des jeunes filles à Minerve : un monument, dans le Céramique, en conserve le souvenir. Thoas, roi de la Tauride, en avait fait une institution spéciale; Busiris, dans un danger public, pour être plus certain que les prières de son peuple parviendraient sûrement auprès du dieu du monde, ordonna de sacrifier le grand-prêtre lui-même. Si cette coutume eût prévalu et continué, il y aurait eu moins de charlatans et de sacerdoces; mais le contraire est arrivé : car, en Egypte même, le grand-prêtre et le pontife avaient fini par ordonner aux rois de se tuer, et ils obéissaient; un roi plus audacieux, Ergamenès, y a mis fin, en exterminant tout le sacerdoce régicide.

Achille, dans Homère, immole douze jeunes Troyens, qu'il jette dans le bûcher de Patrocle. Abraham a reçu de Dieu l'ordre de sacrifier son fils; c'était la doctrine de Brama, dans l'Asie, et de Saturne, dans la Grèce, si toutefois ces deux noms ne signifient pas le même être. Jephté, Iphigénie et tant d'autres victimes, prouvent déjà que les Gaulois ne méritent pas plus le reproche des sacrifices humains, que les autres peuples : tel donc qui les en accuse encore, n'a réfléchi ni sur sa religion, ni sur celles des anciens peuples.

Les Romains, que nous croyons généralement sur parole, et qui se sont arrogé le droit de faire la réputation des autres peuples, n'ont cessé, dans tous leurs ouvrages, de signaler les Gaulois comme des êtres féroces et sauvages. Jules-César, Cicéron, Pline, et surtout Tite-Live, ont à l'envi jeté de l'horreur sur les Gaulois, à cause des sacrifices humains. C'est même à ce sujet que Pline s'écrie : « On ne sait pas tout ce que les Gaulois doivent aux Romains (1)! » Le sénat, il est vrai, a maintefois défendu les sacrifices humains, et spécialement sous le consulat de Cornelius Lentulus, et de Licinius Crassus. Mais Pline a fait l'aveu

____

(1) *Nec satis æstimari..... quantùm Romanis debeatur.* (Plin.)

que, de son temps, l'usage en durait encore.
(Liv. 28.) Faisons observer, à la gloire de
Junius Brutus, que l'oracle ayant demandé
des têtes en sacrifice, il avait abattu autant
de têtes de pavots que l'oracle avait demandé de victimes.

Mais les Romains ont-ils bien le droit de
faire un tel reproche aux Gaulois, eux qui,
pour plaire à une divinité secondaire, en-
fouissaient des victimes vivantes? eux qui,
pour divertir une populace arrogante, en
présence des pères conscrits, des dames romaines, des vestales, et de celui même qui
portait la pourpre, faisaient exterminer des
centaines de gladiateurs, qu'ils choisissaient
exprès doués de la plus grande force, afin de
jouir plus long-temps du combat de la vie
contre la mort, exigeant encore que ces malheureux mourussent avec grâce (1)? Jules-
César, édile, offrit cent-vingt paires de gladiateurs, dont l'acharnement prolongé trans-
porta de joie les Romains.

Sous le consulat d'Apustius Fullon et de
Messala, lorsque Rome était encore épou-

---

(1) *Populus irascitur..... quod non libenter pereunt.*
(Senec , l. 3.)

vantée de l'irruption des Gaulois, les Romains consultèrent les oracles et les livres sibyllins. D'après la réponse, on enterra vivans, dans la place publique, un Gaulois et une Gauloise, un Grec et une Grecque (1). Que les partisans des Romains effacent donc encore le supplice de la vestale Urbinia, celui de la vestale Sextilia, qui, pour avoir violé sa virginité, fut enterrée toute vive, l'an 274 avant Jésus-Christ.

Ce qui met le comble à l'injustice des Romains, c'est de voir un Tibère et un Claude, opprobres de la race des rois, faire proclamer dans leurs édits l'abomination des sacrifices des Gaulois; c'est de voir le servile sénat et la superbe Rome applaudir au concours et à l'affiche de plusieurs citoyens s'offrant en holocauste pour sauver les jours de Caligula.

Les Romains, du temps de Claude, avaient donc oublié que des chefs gaulois avaient été traduits à Rome, comme coupables d'avoir ordonné des sacrifices humains, et qu'après une déclaration motivée sur l'antiquité

____

(1) *Gallum et Gallam, Græcum et Græcam, similiter, in medio foro boario vivos effodere.* (Tit.-Liv.)

de leur culte, ils avaient été renvoyés absous.

Mais, dans les Gaules mêmes, les Romains ont sacrifié des hommes. On a trouvé, à Arles, un monument qui représente et atteste un pareil sacrifice (1).

Peut-on croire, enfin, les Romains, quand, à la fin du troisième siècle, Aurélien, effrayé de l'irruption des Normands, [après avoir consulté les oracles sibyllins, fera sacrifier des prisonniers de toutes les nations ennemies?

Mais bornons là ces récriminations; il est dans l'habitude de l'homme de s'apitoyer sur des circonstances singulières, et de ne voir que grandeur et courage dans les grandes exterminations de l'espèce humaine. Tous les gouvernemens des grands Etats entretiennent le peuple dans ces dispositions. La politique, grâce aux flatteurs, a plus de bouches que la renommée encore, pour animer partout le feu de la guerre, qu'ils osent nommer *le feu sacré de la patrie* ou *de la gloire*. C'est, hélas! en définitive, le vrai feu grégeois, qui dévore les peuples, et qui menace l'Europe

______

(1) *Auli Balbi sacrum holocaustum Dianæ.*

d'une honteuse barbarie. Poëtes, historiens,
que la perversité ou l'intérêt n'a pas rendus
indignes de ces titres, arrêtez donc ce tor-
rent dévastateur; étouffez par une sainte ligue, le fatal et sacrilége encens qu'on prodigue aux conquérans; on ne doit en brûler
que pour Dieu, et pour les rois qui ne séparent jamais leur cause de celle des peuples
qu'ils gouvernent ou qu'ils défendent.

Les auteurs latins et français n'ont jamais
pris la peine d'approfondir le caractère, la
religion et les mœurs des Gaulois; les uns,
pour faire prédominer leur nation, se sont
attachés, par un injuste orgueil, à signaler les
Gaulois comme des hommes féroces et barbares; les autres, serviles échos des auteurs
romains, ont répété les opinions et les faits
les plus calomnieux. Mais reportons-nous,
sans partialité, et avec toute connaissance,
à l'ère de la plus grande gloire des Gaulois;
nous les verrons manifester du mépris pour
la mort, et, dans certains cas, la considérer
comme le gage d'une félicité éternelle. Cette
opinion religieuse a été celle de plusieurs
anciens peuples; mais elle s'est modérée de
siècle en siècle, car, pour l'homme, le sentiment de la conservation de sa vie ne s'est

élevé, ne s'est fortifié qu'avec les progrès de la civilisation.

Les Gaulois, cependant, avant même l'invasion des Romains, avaient fini par des simulacres de sacrifices humains ; dans plusieurs sanctuaires, on se bornait à la simple aspersion du sang d'une victime, et souvent choisie parmi les condamnés à mort. Ce dernier mode d'aspersion du sang était celui des Hébreux. Saint Paul en a dit : « Lorsque Moïse voulut cimenter l'alliance de son peuple avec Dieu, il prit du sang d'une victime qu'il mêla dans l'eau avec un rameau d'hysope, il en fit une aspersion sur le peuple, en lui disant : « Voilà le sang de l'alliance que Dieu a contractée avec vous. »

MM. Morin et Taillepied, très-érudits l'un et l'autre, ont du moins justifié les druides de la grande accusation des sacrifices humains ; ils ont dit, avec raison, que ces sacrifices ne s'étaient autant prolongés, que par la volonté de chaque peuple, qui les exigeait ou les commandait dans les grands dangers, ou dans les calamités. On n'a pas assez fait attention, dans les imputations de barbarie, que les Gaulois, indépendamment des druides, se regardaient comme les maîtres

de leur existence, et qu'ils se dévouaient li-
brement à l'immolation. Strabon, d'après
César, rapporte, dans son troisième livre,
que six cents Gaulois, qu'il désigne sous le
titre de *soldurios* (1), se dévouèrent à la mort
pour sauver les jours d'Adcantuanus, leur
prince et leur héros.

Pasquier, vers lequel il faut toujours revenir quand il s'agit des Gaulois, dit, en
parlant des sacrifices humains : « D'aucuns
les tournent à impropère, comme trop cruels
et abhorrens...., si est ce, qu'à considérer
les choses de près, cecy ne leur paraît que
d'un cœur généreux, magnanime, et peu sou-
cieux de la mort. »

Dans les premiers siècles chrétiens, les
lois et les coutumes accueillaient les sacrifices que les individus voulaient faire de leur
vie; elles ont été long-temps en vigueur en
Provence et dans la Savoie. A Marseille, on
gardait des poisons, que le magistrat déli-
vrait à ceux qui donnaient des motifs plau-
sibles pour renoncer à la vie (2).

____

(1) *Quos Galli soldurios vocant.* (Cæs.) Athénée dit
soldures. Ce mot n'est-il pas l'origine du mot *soldat?*

(2) *Massiliensi... venenum publicè servabatur, ei dan-*

La raison, cependant, à force de s'exercer, a fait substituer des animaux aux hommes ; les druides mêmes ont fait porter leur
premier choix sur les taureaux (1), les bé-
liers, les cerfs et les biches. On doit d'autant
moins en douter, qu'en définitive, après les
sacrifices, on mangeait les viandes des taureaux et des génisses.

Il convient aussi maintenant de faire connaître les druides, qui furent l'âme, la force
et l'appui des nations des Gaules ; et c'est
précisément aux plumes des étrangers qu'on
est redevable des notions historiques sur leur
sacerdoce.

Jules-César, en reconnaissant leur antiquité, atteste aussi leur science et leurs fonctions (2). Pline leur accorde des connais-

---

*dum, cui causas senatui exhibuisset, propter quas cuperet
mori.* (Cluv.)

(1) Ces taureaux, chez les Gaulois, devaient être blancs ;
à Héliopolis, ils devaient être noirs ; à Rome, ils étaient
blancs, et on leur dorait les cornes : on y exigeait,
en outre, qu'ils fussent en bon état. Ils en sacrifièrent
cent pour célébrer leur victoire sur les Samnites : *Centum....., eximioque uno albo opimo, auratis cornibus.*
(Tit.-Liv.)

(2) *De rebus divinis intersunt, religiones interpretan-*

(213)

sances en astronomie (1). Strabon a la plus
haute idée de leur justice et de leur dogme (2). Pomponius et Ammien Marcellin
regardaient les Gaulois comme très-savans
dans les sciences physiques (3).

L'historien Alexandre semble ne pas douter que Pythagore soit venu s'instruire dans
les Gaules; il ajoute que ce grand philosophe s'y était décidé sur le récit que son maître, Phérécides, lui avait fait *de la science
des druides*. Clément d'Alexandrie considère

---

*tur... ad hos magnus adolescentium numerus, disciplinæ
causâ .. nonnulli vicenos annos permanent... et, si quod
facinus , cædes facta... si de hereditate , de finibus , iidem
decernunt præmia, pœnasque constituunt.* (Cæs.)

(1) *De sideribus atque eorum motu disputant ac juven-
tuti suæ tradunt.* (Plin.)

(2) *Druidæ , hi et omnium justissimi... animas immortales statuunt... bardi hymnos canunt; vates sacrificant et
naturam rerum contemplantur... præter hanc philoso-
phiam , etiam de moribus disputant.* (Strab., l. 4.)

(3) *Viguére studia laudabilia, doctrinarum inchoata
per bardos, eubages et druidas .. bardi , virorum illustrium facta , heroicis composita versibus , cum dulcibus
lyræ modulis cantabant; eubages verò scrutantes summa
et sublimia naturæ... inter hos druidæ , ingenii celsiores ,
ut auctoritas Pythagoræ decrevit... quæstionibus , occulta-
rum rerum Celtarumquo enecti sunt.* (Amm. Marcell.)

la religion des druides comme une religion de philosophes ; et, sous les rapports essentiels, il trouve beaucoup de ressemblance avec celle des Perses. Saint Eusèbe, dans ses commentaires sur l'Evangile, regarde le système de Pythagore comme émané de celui des druides. Pythagore, au surplus, a généralisé son système de transmigrations, tandis que les druides n'ont jamais varié dans le dogme de l'immortalité de l'âme. Celse, ennemi des prêtres chrétiens, n'a cessé de leur opposer les druides, comme les prêtres les plus sages et les plus savans de l'antiquité. M. Botidoux, auteur de la *Philosophie des Gaulois*, se fondant sur le témoignage de Diogène Laërce et de Celse, répute la religion des Gaulois aussi ancienne que celle des mages et des curètes. Il ajoute même qu'Aristote a déclaré qu'il avait appris beaucoup de choses sur la philosophie, du savant Semnothées, Gaulois.

Tout ce qui vient d'être dit des Gaulois et des druides, est une grande preuve, ou du moins une forte présomption de la réalité des aveux de Pythagore et d'Aristote ; et il faut les tenir pour constans, jusqu'à ce qu'il soit démontré que des philosophes Grecs ou

(215)

Indiens soient venus donner des lois dans
les Gaules.

Tous les auteurs anciens qui ont parlé des
druides, nous ont fait connaître, sans va-
rier, l'ordre et la hiérarchie de leurs fonctions ; les uns se consacraient au culte divin,
les autres à l'enseignement de la philosophie ; ceux-ci avaient la direction des augures
et des présages, ceux-là recueillaient et chantaient les exploits des guerriers.

Les druides, du moins, nous ont laissé
une belle exception, et même une sage leçon, à laquelle nous sommes peu sensibles.
Ils ne consacraient leurs chants poétiques
qu'à la gloire des dieux et des héros ; ils
avaient donc une langue nationale fort expressive. Sous ce rapport seul, les Gaulois
méritent d'être placés avant les Scythes, les
Phrygiens et les Romains.

Il y aurait un chapitre curieux et plein
d'intérêt, à retracer l'ensemble et le rapport
des mœurs des anciens Gaulois ; on y trouverait celles mêmes des plus anciens peuples
du nord de l'Europe, et même de l'Asie, ou
du moins celles des Huns. Mais ces considérations, que beaucoup de lecteurs pren-
draient pour des conjectures ou pour des sys-

tèmes, nous détourneraient trop du but spécial de cette histoire, qui, pour avoir quelque créance, doit porter sur des matériaux
réels, sur des faits, ou du moins sur des témoignages dignes de foi. Tacite, comme nous
l'avons déjà fait observer, donne une haute antiquité aux Gaulois sur les Germains. Il dit que
les mœurs, les lois, les usages et les dialectes
étaient en quelque sorte les mêmes, et il ne
fait pas un doute que les premières émigrations des Gaulois ont eu lieu dans la Germanie. Dans ces derniers temps, M. Sigrais a
établi, sur des preuves, que les peuples de
la Germanie ont été une colonie de Gaulois.
Le culte, les costumes et la langue ne cessè-
ront d'en être une preuve continue dans la
suite des siècles, et spécialement à l'époque
de la contre-émigration des Germains dans
les Gaules.

CHAPITRE VII.

La langue des Gaulois était fort expressive; témoignages affirmatifs. —Colléges renommés dans les Gaules.—L'exercice de l'art
oratoire était un des grands points de l'éducation. — Différence
de l'éloquence chez les Grecs et les Romains, ou chez les Gaulois. — Mode des délibérations des Gaulois dans leurs assemblées publiques. —Cicéron rend hommage à l'éloquence des
Gaulois. — Quels étaient leurs principaux idiomes. — Ils n'avaient point d'écriture cursive : des signes publics avertissaient
des choses à faire dans les champs.

LES Gaulois avaient une langue nationale
fort expressive ; ce point de fait résulte du
témoignage des anciens philosophes grecs et
romains, qui en ont avoué et vanté l'éloquence. Archiloque, dans son livre des *Temps
antiques,* pense qu'Homère a fait beaucoup
d'emprunts à la langue celtique. D'autres philosophes, dans leurs dissertations, ont aussi
fait l'aveu qu'ils avaient adopté un grand
nombre de mots de la langue des *barbares,*
épithète que les Grecs et les Romains ont
donnée sans cesse aux Celtes, et de laquelle

au surplus, les Celtes ne s'offensaient pas, n'y voyant qu'un éloge de leur force prééminente, et de leur indépendance, sur laquelle ils étaient intraitables.

Denis d'Halicarnasse a également remarqué, dans son livre des *Antiquités romaines*, qu'il y avait un mélange considérable de mots barbares dans la langue grecque. Cette remarque, au surplus, est due à un des meilleurs commentateurs de Strabon (1).

Saint Jérôme, qui, au mérite des plus saintes vertus, joignait une vaste érudition, avait lui-même une grande idée des études qu'on faisait dans les Gaules. Dans une épître, il félicitait le moine Rustique d'avoir fait ses études dans les Gaules, et de ce qu'il était venu à Rome pour fortifier, par la gravité de la langue latine, la fécondité et le caractère bref du dialecte gaulois (2).

Marseille, sans aucun doute, a été, sous ce rapport, la première ville célèbre des

---

(1) *Fuerunt autem majores Græcorum barbari, probatque illud quoniam plura vocabula barbara , suâ ætate, in Græciâ permanebant.* (Ann. Viterb., *in* Strab.)

Nos quidem a barbaris, plurima vocabula. (Plat.)

(2) *Post studia Galliarum, quæ vel florentissima sunt...*

Gaules ; mais il faut redire, c'est-à-dire apprendre aux lettrés que les Grecs et les Romains envoyaient leurs jeunes gens étudier à Marseille et à Lyon. Marseille était devenue la nouvelle Athènes du monde ; on y parlait trois langues, ce qui l'a fait surnommer *Trilinguis*. Mais le goût des Celtes ne s'arrêtait pas à Marseille, car Lyon, Autun, Sens, Toulouse, Reims, avaient des colléges renommés. Il ne faut pas, cependant, en tirer la conséquence de M. Crevier, qui veut que les Gaulois aient appris le grec des Marseillais ; il suffit de faire observer que, plus de deux siècles avant l'époque citée par ce savant, les Gaulois avaient occupé la Grèce, et que la langue grecque était même pratiquée dans le sacerdoce et le gouvernement des druides. Il n'est pas plus vrai, sans doute, qu'Homère, comme le dit Archiloque, ait formé sa langue sur celle des Celtes ; mais on ne peut se défendre, quand on connaît bien l'histoire de ces derniers, de croire, avec le savant Gebelin, que la langue celtique a été la primitive de l'Europe. C'est encore un beau

---

Romam... ut ubertatem moremque gallici sermonis, gravitate romaná condideret. (S. Jérom.)

titre de gloire, et digne d'abaisser l'orgueil
de certains érudits. Je ne prétends pas, sans
doute, juger une aussi grande question ; mais
il me semble, tout bien considéré, que la langue celtique prime d'ancienneté la langue faite
des Grecs ; les témoignages que je viens de
rappeler n'en laissent-ils pas la conviction ?
Pour achever cette preuve, je me bornerai à
mettre sous les yeux du lecteur quelques
mots des trois langues, et je les choisis de
préférence dans la langue du théâtre des
champs, laquelle est bien certainement la
primordiale.

Qu'on ne dise pas que les mots celtiques
peuvent aussi bien provenir de la langue des
Grecs ; les mots réputés racines comportent
un caractère d'origine sur lequel on ne peut
se méprendre ; et c'est avec raison que les
érudits ont fait remarquer que les peuples
étrangers qui ont adopté des mots des autres
peuples, y ont toujours ajouté une ou plusieurs syllabes ; et je ne sais s'il y a dans le
monde une langue dont la contexture soit
plus brève que celle de la langue celtique (1).

____

(1) *Galli, sermone brevi..... in colloquiis brevi loqui.*
(Diod. de S., 1. 5.)

NOMS.

FRANÇAIS.	CELTIQUE.	GREC.
Terre	*Ar.*	Ἄρουρα.
Mamelle.	*Teth.*	Τιθύην, Τιθήνη.
Danse.	*Ball.*	Βαλλισμός.
Millet.	*Mel.*	Μελίδειον.
Père.	*Pap.*	Παπᾶς, Παΐπας.
Ecuelle.	*Scutell.*	Σκοτάλη.
Mère.	*Mam.*	Μάμμη.
Lard.	*Lard.*	Λάρδος.
Fourmi.	*Myr.*	Μορμοι.
Nid d'oiseau.	*Neis.*	Νεοσσὶα.
Chant.	*Moucs.*	Μουσικὴ.
Lampe.	*Lampr.*	Λαμπάς.
Or.	*Aur.*	Αυρον.
Noir.	*Loq.*	Λύγιος.
Cri.	*Glas.*	Κλάζω.
Four.	*Forn.*	Φορνος.
Vieux.	*Henn.*	Εννος.
Jour.	*Dis.*	Δισ.
Fraude.	*Dol.*	Δόλος.
Chou.	*Caul.*	Καυλός.
Coq.	*Coq.*	Κίκκοσ.

Ces mots, pris au hasard, justifient les observations déjà faites; elles s'accordent, au reste, avec les témoignages de Pausanias et de Varron, qui ont déclaré l'un et l'autre qu'ils avaient reconnu le dialecte gaulois dans la Grèce et l'Asie.

Saint Jérôme encore, dans son épître aux Galates, dit avoir trouvé à Trèves le dialecte des Galates (1). Sous les premiers Césars, on parlait à Lyon la langue grecque, et même les femmes. Saint Irénée y prêchait dans cette langue.

L'exercice de l'art oratoire dans les gymnases gaulois, ne peut être un doute pour personne ; ce n'était pas chez eux seulement l'étude d'un art libéral, mais un besoin pour la hiérarchie du pouvoir social, auquel tous les Gaulois participaient, et pour l'exercice des fonctions publiques, parce que les rois. les pontifes et les guerriers, privés des avantages de l'écriture cursive, avaient sans cesse besoin de parler dans les assemblées, les uns pour faire punir des crimes ou des sacriléges; les autres pour se justifier, et tous pour rejeter ou consentir des élections ou des commandemens ; et s'il a été jamais vrai de dire, pour quelque nation, que le plus éloquent était le plus puissant, c'est pour les Gaulois.

____

(1) *Galli, patriâ linguâ usi sunt.* (Hieron.)

Toutefois, il ne faut pas croire que ces derniers, élevés par les druides. ignoraient la contexture de la langue grecque : car si on ne peut supposer que Justin ait aventuré sur ce point une opinion, il n'eût pas dit aux savans ses contemporains, que la langue grecque était si familière aux Gaulois, qu'il semblait que toute la Grèce eût émigré dans la Gaule (1).

L'éloquence en elle-même est un don de la nature ; sa patrie native est celle des pays libres. Quel peuple sur la terre a été plus jaloux de sa liberté que le peuple gaulois ? L'éloquence n'a pas besoin de livres ; elle les dédaigne même : il ne lui faut que des faits, une mémoire féconde, des passions nobles, un sage esprit d'observation, et une âme forte.

Les orateurs grecs et romains avaient une tribune plus facile à aborder que le cippe (2)

---

(1) *Ut non Græcia in Galliam emigrasse, sed Gallia in Græciam translata videretur.* (Just., l. 43.)

(2) Les Gaules offraient, dans presque tous les pays, de ces *cippes* ou tertres, du haut desquels les chefs gaulois haranguaient ou proclamaient des évènemens. Plusieurs auteurs ont pensé que les tertres les plus considérables étaient

en plein air de l'orateur gaulois ; il suffisait
en quelque sorte à Athènes, à Sparte, à
Rome, de flatter les passions de circonstance,
pour s'attirer la bienveillance et l'attention
des auditeurs. Mais combien il fallait de présence d'esprit, de courage et de talent aux
orateurs gaulois, pour discourir devant des
hommes fiers, vifs et braves, qui étaient
leurs pairs, et qui d'ailleurs ne s'assemblaient
jamais qu'en portant leurs armes (1)?

Tacite a bien jugé les Gaulois, quand il a
dit qu'il était plus facile de se les attacher
par la persuasion que par l'autorité (2).

---

des tombeaux : cette dernière opinion n'exclut pas l'autre.

Il en existe encore un nombre infini, et surtout dans la
Bourgogne.

(1) La nation qui rappelle plus fidèlement le caractère
et les mœurs des Gaulois, est celle de la Pologne, où, dans
les siècles passés et même jusqu'au dix-huitième, on a délibéré *en armes*, et souvent à cheval, au milieu d'une
plaine : ces diètes ont été nommées *comitia paludata*.

Comme les Gaulois, les Polonais n'ont eu ni forts ni ci-
tadelles ; ils regardent les fortifications comme des signes de
faiblesse. Les Polonais sont encore réputés les plus intrépides cavaliers : César a porté le même jugement des Gaulois.

In concilium, Galli armati. (Tit.-Liv.)

(2) *Auctoritate suadendi magis, quam jubendi.* (Tac.)

Lorsqu'un roi, un chef ou un pontife prononçait une sentence contraire à l'avis des assistans, un murmure général l'en avertissait, et ce signe était un arrêt irrévocable; si, au contraire, elle était jugée équitable, on le manifestait en faisant bruire les armes (1).

Le sénat de Rome a rendu hommage aux nobles Gaulois, sur le talent de porter la parole. Il fut frappé de la mâle et fière éloquence du célèbre Divitiacus, qui, revêtu de ses armes, et appuyé sur son bouclier, harangua le sénat, pour le déterminer à aider de ses légions les Eduens et les Arverniens, contre les Helvétiens et contre Arioviste.

Il sera toujours glorieux, au surplus, pour l'ère de liberté des Gaulois, que César et Cicéron aient eu pour maître d'éloquence le Gaulois Gripho, de Narbonne, et duquel ces deux grands hommes ont fait l'éloge. Cependant, tous les professeurs de littérature ne citent que les Grecs et les Romains pour la haute éloquence, tandis que ces derniers citent à l'envie les Gaulois pour ce noble

______

(1) *Si displicuit sententia fremitu aspernantur; sin placuit, frameas concutiunt.* (Tac., l. 10.)

talent, devenu si rare parmi nous. L'amour
de la patrie et de la liberté, voici les deux
grands ressorts de la véritable éloquence. La
cause ou l'occasion de celle des Grecs et des
Romains a été une tribune nationale. Cicéron
ne serait pour nous qu'un rhéteur, s'il n'y
avait pas eu une tribune nationale à Rome.
On sait que ce grand orateur chancela dans
un discours qu'il tint au palais de César.

Qu'on ôte la tribune des Etats où il y en
a, et les peuples aussitôt deviendront esclaves. La liberté de la presse est une grande
sauve-garde publique; mais, tout bien considéré, s'il fallait sacrifier l'une ou l'autre, il
vaudrait mieux garder la tribune, toutefois
en admettant les élections libres. L'Angleterre elle-même ne doit l'ombre de la sienne
qu'à sa tribune; car, en définitive, à l'égard
des peuples, le bon sens, qui, mieux que
la science, fait le bon jugement, triomphe
toujours des prestiges ou de l'audace des
pouvoirs iniques, des illusions, des préjugés
et des hypocrisies religieuses ou politiques.

L'exercice fréquent de l'art oratoire nous
donne l'explication de tous ces tertres ou
cippes dont le sol des Gaules est même encore parsemé, surtout dans les pays de bo-

tages, et du haut desquels, sans doute, les druides, les rois, les guerriers faisaient leurs allocutions ou leurs discours aux peuples ou aux armées. C'est sur un pareil tertre que se tint, auprès de Besançon, la fameuse conférence entre Arioviste et César. L'un et l'autre y parlèrent à cheval (1).

Au temps de César même, il y avait dans les Gaules plusieurs colléges renommés; celui de Lyon jouissait, même à Rome, d'une grande célébrité. Caligula, du moins, en a laissé une fatale tradition, par les peines atroces et bizarres qu'il y infligea à certains orateurs, exprès mandés par lui, ce qui a fait dire à Juvénal (2) que le rhéteur tremble de parler à la tribune lyonnaise.

César a dit d'Autun, que c'était une cité grande et forte (3).

----

(1) *Planicies erat magna et in eâ tumulus terreus, satis grandis... ad colloquium venerunt* (Cæs.)

(2) *Palleat, aut nudis pressit qui calcibus anguem*
Aut lugdunensem, rhetor dicturus ad aram.
(Juv.)

(3) *Oppidum longè maximum ac copiosissimum magnæ auctoritatis.* (Cæs.)

Tacite a fait observer qu'on faisait de bon⸗
nes études à Autun et à Reims (1).

Nous venons de voir que les druides en⸗
seignaient toutes les choses qui peuvent in⸗
téresser et constituer une sociabilité, non
seulement l'intérêt général, mais encore les
intérêts privés. Leurs sciences morales et phy⸗
siques étaient le résultat nécessaire de vingt
ans d'études dans leurs grands colléges (2).

Dans l'origine, les climats, les sites, par
suite des divers besoins, ont dû avoir une
influence sur les dialectes de chaque contrée ;
avec un peu d'attention encore, on trouverait
des différences ou des nuances relatives dans
les pays de montagnes, comme dans ceux de
plaines, et même encore vers les bords des
mers. Ces différences, quelquefois tranchan⸗
tes, ont pu faire croire à des langues étran⸗
gères ; mais au fond, tous les Gaulois s'enten⸗
daient. Ces différences n'avaient pas échappé
à Jules-César (3).

---

(1) *Principibus Rhemis nobilissimam Galliarum sobo-
lem liberalibus studiis.* (Tac.)

(2) *Docent multa nobilissimos, clam et diu vicennis
annis.* (Plin., l. 3o.)

(3) *Hi omnes inter se linguâ differunt.* (Cæs.)

Strabon, digne émule de César, par son esprit d'observation et par une excellente judiciaire, a de même fait sentir ces différences de langages. Il serait impossible aujourd'hui de les déterminer, parce qu'elles sont plutôt l'ouvrage de la nature *et des traditions* premières, que de l'enseignement ; mais il semble qu'on ne s'engage pas dans de vaines conjectures, en admettant qu'il y avait au moins trois idiomes principaux, c'est-à-dire le belgique, le celtique et l'aquitainique. Malgré ces différences, néanmoins, toutes les nations des Gaules s'entendaient pour les lois, comme pour les mœurs, et, sous de tels rapports, elles ne formaient qu'un seul et même empire. Cluverius a même fait observer qu'il n'y avait qu'une seule et même langue, quand il s'agissait des intérêts nationaux (1).

L'idiome celtique, sans doute, aura prédominé, comme nous avons vu, dans les

______

(1) *Ne ipsi quidem omnes eodem sermone utuntur, sed aliquid nonulli habent diversitatis... reipublicæ et vitæ, nonnihil differunt.* (Strab., édit. d'Oxford.)

Unam camdemque linguam, per universam Galliam, Hispaniam, Germaniam, Britanicas que insulas. (Cluv., *Comm. in Liv.*)

temps modernes, la langue d'oïl s'éleva insensiblement au-dessus de la langue latine,
qui, pendant plus de cinq cents ans, avait
été comprise et parlée dans toutes les Gaules. Etrange révolution! la langue romane,
âpre et barbare, *rustica et plebeia*, qui ne
sera usitée que dans le Vermandois, petite
contrée de quinze à vingt lieues carrées, do-
minera et absorbera les langues faites des
Celtes, des Grecs et des Latins. Plutarque
avoue que, de son temps, la langue latine
était généralement entendue et parlée en
Grèce. Justin nous dit, de son côté, que la
langue grecque était familière aux contrées
du midi. Voilà de ces faits qui étonnent et
confondent sur l'origine de la langue française.

Quant à l'écriture cursive, il paraît certain que les Gaulois ont emprunté celle des
Grecs, et que c'est la première qu'ils aient
adoptée. On sait qu'il fut trouvé, dans un
camp de Gaulois, des tablettes écrites en
grec, et qu'elles furent portées à César (1).

Il est plus que probable qu'à défaut d'é-

---

(1) *In castris...... tabulæ repertæ sunt, litteris græcis,
confectæ... ad Cæsarem.* (Ex Comment. in Cæsarem.)

criture, les Gaulois avaient des signes pour se faire entendre ; ce mode, sans doute, ne consistait pas dans une contexture de lettres alphabétiques, mais dans des signes indicateurs, tels qu'étaient ceux des Arabes et des Egyptiens. Ce mode, grâce à M. G...., n'est plus un doute ajourd'hui. Nous en avons conservé nous-mêmes la preuve par nos vieux almanachs, dits *de bergers*, dans lesquels un simple signe exprime les travaux à faire pour chaque mois de l'année. Ces almanachs, plus utiles que ne l'est un certain calendrier (1) que le gouvernement paie très-cher tous les ans, ont long-temps suppléé à l'écriture, pour l'ordre des travaux des champs. Combien donc la théorie abuse le gouvernement ! Et, malheureusement, elle seule est en crédit et en activité, même pour les sciences et les arts, qui ne sont que le résultat de l'expérience.

---

(1) L'*Annuaire du bureau des longitudes*, conçu et proposé sous de meilleurs auspices, n'est plus qu'un des mille abus de la théorie, et une véritable sinécure. Pour en juger, il suffirait d'y jeter un simple coup-d'œil. Et cependant, cet almanach jouit de l'honneur d'être annuellement présenté au roi. Y a-t-il donc un ministre de l'intérieur ?

CHAPITRE VIII.

Le dogme des druides. — L'étude des sciences physiques faisait
partie de l'éducation nationale. — Les druides cultivaient les
hautes sciences. — La magie a été chère aux druides, et surtout
aux Gaulois. — Quelques faits et considérations sur ce sujet. —
Le culte avait admis un rite pour connaître le sort, et pour le
révéler. — Les druides délivraient des talismans, composés en
général de plantes et de fleurs. — Les présages, les modes employés, et par quels animaux. — Les druidesses. — Leur culte
spécial. — Celles qui ont eu plus de vogue; leurs vêtemens;
les lieux de leurs sanctuaires. — Le druidisme en Angleterre;
époque. — Quelques maximes des druides sur leur culte et la
morale.

—————

Le dogme de l'immortalité de l'âme, sans
lequel il ne peut y avoir ni société, ni autels,
ni trônes affermis, était la base fondamentale
de la religion des Gaulois; l'amour de la patrie et l'hospitalité étaient leurs grandes vertus : *Malheur aux lâches et aux traîtres !* était
le cri de tous les druides et de tous les Gaulois (1).

____

(1) *Numero impiorum ac sceleratorum habentur.* (Cæs.)

L'étude des sciences physiques était un des points les plus essentiels du système d'éducation des druides; ils ont, en effet, toujours observé la nature avec une heureuse sagacité. Combien ils ont fait de découvertes dans le règne végétal, sur la vie et l'instinct des animaux, sur leur force et leur vîtesse ! « Tous ces trésors, dit Pasquier, se sont en allés en fumée. »

De l'aveu des plus anciens historiens, les druides ont excellé dans l'astronomie, la géographie et la supputation des temps ; leur mode même pour mesurer les distances, est remarquable par ses rapports avec le même nombre de fractions d'un degré suivies par les astronomes modernes.

La lieue, *leugha*, est toute celtique ; les Romains en ont fait *leuca*. La lieue gauloise était de quinze cents pas ; celle des Romains, de mille (1).

Pendant plusieurs siècles, depuis Marseille jusqu'à Lyon, on a compté par *mille*, tandis que depuis Lyon jusqu'en Bretagne, on n'a

---

(1) *Leuca gallicana mille et quingentorum passuum quantitate metitur.* (Tac.)

compté que par *lieue* : cette différence a causé
·beaucoup de méprises historiques.

Les druides avaient prévu et déterminé
les solstices et les phases de la lune ; mais,
faute de méthode, il en a été des sciences
physiques ce qu'il en a été de l'adoration de
Dieu, laquelle fut d'abord simple et pure,
mais qui, faute de raisonnement et de bonne
foi, a été défigurée ; il n'a été donné qu'à un
petit nombre d'hommes de ne pas prendre
les rêves pour des réalités.

Les Gaulois avaient un attrait invincible
pour la magie ; il y aurait une insigne mau-
vaise foi à les accuser pour cela de barbarie ;
car ce ne serait voir que les défauts des autres. Mais, qu'est-ce que la magie ? C'est la
science des choses actives de la nature ; et
même encore, peut-on définir autrement la
magie, que l'art de faire des choses surpre-
nantes ? N'est-ce point à elle, au surplus,
qu'on doit les découvertes les plus utiles ?

Les magiciens sont devenus envers la nature, qui n'est elle-même qu'une grande ma-
gicienne, ce qu'ont été pour le culte divin
tant de théologiens. La ligne du vrai une fois
franchie ou méconnue, on s'est jeté dans une
sphère toujours croissante d'erreurs et de

fourberies. Quel peuple, au surplus, a été plus magicien que les Grecs et les Arabes? Les Hébreux ne croyaient pas manquer de respect à Salomon, en disant que c'était un grand magicien.

Quand on connaît bien le cœur de l'homme, on ne doit pas s'étonner du goût et de l'ardeur qu'il a montrés dans tous les temps pour la magie ; mais le philosophe, le vrai philosophe la considère encore comme une distraction dans le cours de la vie. Faut-il donc tant s'en plaindre, dès qu'elle a offert des espérances aux malheureux, et des charmes à la curiosité ou aux passions?

Il y a deux choses à considérer dans la magie des Gaulois, la partie morale et la partie physique. Ainsi, par la première, on était heureux à la chasse, à la guerre, en voyage ; on était préservé des attaques des mauvais génies; on assurait sa fortune, ses plaisirs et sa santé. La seconde rendait invulnérable dans les combats, dans les épreuves d'accusation, et, sous ce rapport, les Gaulois ont fait des découvertes qui étonnent, surtout dans le règne végétal et minéral.

Les Gaulois attachaient une grande importance aux révélations du sort, dont leurs prêtres, comme tous les autres prêtres du monde, même chrétien, se sont emparés. Comment résister à une déclaration pour laquelle on faisait intervenir le Ciel? Un prêtre partageait une branche, ordinairement de *coudrier*, en plusieurs fragmens, auxquels il faisait des marques particulières, dites *symboliques;* il prenait d'une main tous ces fragmens, et, après les avoir bien mêlés, il se mettait en prières; il jetait ensuite tous les fragmens sur un voile blanc consacré; il en relevait trois, pris au hasard, et, selon les marques, il prononçait la sentence ou la révélation.

Mais les Romains, que nous faisons si grands en tout, ont adopté le même mode ou rite, pour connaître le sort; c'est ce que Tite-Live nomme les *sorts de Preneste (sortes prænestinas).* Les prêtres du temple de la Fortune, selon lui, conservaient dans leur sanctuaire un coffret dans lequel il y avait trois brins de bois, ayant chacun des signes énigmatiques; lorsqu'on demandait à connaître le sort, un enfant choisi par l'expectant sortait un de ces brins de bois, et le prêtre, d'après les signes, faisait connaître le sort.

Les druides encore composaient des talismans, pour préserver de maladies les hommes et les troupeaux; des herbes des champs
en étaient la base. Est-on plus sage aujour-
d'hui? Il suffirait de nommer certaines célébrations ou cérémonies, pour se retrouver
tout à coup au temps même des Gaulois.

Les plantes les plus renommées étaient la
sélage, espèce de sabine, la samole, la ver-
veine (1). Le culte champêtre a traversé tous
les siècles; le christianisme même l'a adopté.
La veille de la Saint-Jean, naguère (et peut-
être encore), on bénissait certaines herbes,
qui, passées aux flammes du feu sacré de
saint Jean, préservaient de malheurs les familles et les troupeaux. Il n'y a pas un demi-
siècle, qu'à soixante lieues de Paris, on dis-
posait ces herbes en couronne, et que les
habitans des campagnes les attachaient à leurs
lits, à leurs cheminées ou aux toits.

La cérémonie la plus brillante et la plus
usitée chez les Gaulois, était celle des présages, pour lesquels le cheval avait obtenu
une haute préférence, même sur les coqs,

---

(1) *Privasque verbennas ex ard sume tibi*. (Térent.)

qui furent les premiers consultés. Le hennissement du cheval, plus ou moins prolongé, son allure, son ardeur, ses regards,
son éloignement, étaient des élémens à l'aide
desquels on composait l'oracle.

Les Gaulois du midi avaient conservé le
mode ancien des coqs, qu'ils faisaient combattre. Les Grecs aimaient passionnément
ces combats. Elien rapporte des inscriptions
d'un style tout à fait élégant, pour certains
monumens élevés à des coqs vainqueurs. On
a trouvé à Beaune, en Bourgogne, la sculp-
ture d'un tel combat, avec une inscription
relative.

Les druides, il faut en convenir, n'ont pas
été plus désintéressés que les autres prêtres ;
ils mettaient un grand soin à concentrer des
richesses et des revenus. M. Léauté dit qu'il
y avait des sanctuaires qui avaient quinze à
vingt talens de revenu, c'est-à-dire trente à
quarante mille francs.

- Comme prêtres, ils avaient aussi recours
aux anathêmes. Jules-César même, dans sa
guerre contre Arioviste, avait exigé de leurs
sacerdoces des déclarations d'anathêmes contre des rebelles. C'était pour les Gaulois une
peine très-grave, parce que dès lors ils ne

pouvaient plus participer aux sacrifices (1).

Les femmes, chez les Gaulois, avaient aussi un sacerdoce ; il n'était pas le moins cher aux peuples. Les rois et les guerriers se plaisaient à les consulter ; les souverains pontifes mêmes avaient pour elles beaucoup de vénération. Il était au surplus dans le caractère et l'opinion des Gaulois, d'attribuer aux femmes quelque chose de divin ou de plus exquis. Ce pieux prestige a fait le bonheur de l'homme; il a fait le charme de la vie de nos preux et de nos troubadours.

On ne se tromperait peut-être pas, en attribuant aux druidesses une aussi haute antiquité qu'aux druides. Tacite fait mention de la prophétesse *Aurinia*, qui s'était acquis une grande renommée. L'histoire, cependant, a plus particulièrement remarqué la fameuse *Veleda*, prêtresse des Bructères, et qui, de fait, par ses oracles, avait constamment prédit le véritable sort des guerres.

Le nombre des druidesses, dans les grands sanctuaires, était justement celui des Mu-

____

(1) *Sacrificiis interdicunt : hæc pœna apud eos gravissima.* (Plin., l. 30, c. 1.)

ses (1); il y en avait trois classes ; les plus estimées étaient les vierges ; les autres ne pouvaient voir leurs maris qu'une fois l'année ; les troisièmes pouvaient sortir habituellement ; elles étaient les servantes des deux premières.

Les druidesses portaient une tunique blanche, qui ne couvrait que la moitié du corps ; elle était attachée avec une agrafe sur l'épaule ; une ceinture la fixait. Strabon dit même que, dans les grandes cérémonies, elles portaient un habit de carpasus (2), plante aquatique (mal à propos désignée comme lin).

Les druidesses avaient plusieurs temples, ou plutôt des grottes, des antres ou des tours. Le lieu le plus renommé, ou le sanctuaire métropolitain, était, avant César, dans une île à l'embouchure de la Loire : elles se consacraient principalement à Bacchus.

L'accès de cette île était défendu aux hommes, sous peine de mort. Si la nature, plus

---

(1) *Gallici numinis oracula... sena insignis est, cujus antistites , perpetuâ virginitate sanctæ , numero novem esse, traduntur Galli.* (Pomp. M.)

(2) *Carbasus quo fluvii amiciuntur.* (Strab.)

forte que les lois humaines, livrait les sens
des druidesses aux feux d'un amour impétueux, elles pouvaient sortir de l'île pour
aller calmer leurs transports, mais elles devaient aussitôt y rentrer (1).

On ignore l'époque de la consécration de
cette île ; tout porte à croire que les druidesses ont existé dans le centre des Gaules,
car leur sacerdoce faisait ombre ou partie de
celui des druides. Il est plus que probable
qu'à la suite des guerres et des irruptions,
chaque sacerdoce se sera retiré aux limites
mêmes de l'empire des Gaules. Strabon, au
surplus, sans discuter cette question, dit que
les druidesses, lors des invasions des Romains, s'étaient réfugiées dans l'île de Sena, à
l'embouchure de la Loire, et que le grand
sanctuaire avait été transporté dans les îles
Pithiusses. Tacite a dit que, dans ces îles, les
Romains virent, pour la première fois, des
druides et des druidesses, et qu'à leur aspect ils reculèrent d'effroi (2).

____

(1) *In alto sitam, objectam ostio ligeris... bacchico ins-
tinctu correptas, nullum virum eò venire; sed ipsas, cum
viris coire atque in insulam reverti.* (Strab., l. 4.)

(2) *Druidæ novitate aspectûs percutere militem, ut quasi*

La conquête des Gaules par Jules-César aura sans doute porté le grand-prêtre des druides à transférer son siége en Angleterre. Ce transfèrement forcé a fait dire à quelques auteurs anglais et français, que le sanctuaire primordial des druides avait toujours été en Angleterre. C'est encore une erreur, suite nécessaire de l'ignorance complète de l'histoire des Gaulois, dans laquelle on affecte de se maintenir. Des auteurs français, d'une part, n'ont pas mieux demandé que de laisser aux anciens Bretons la gloire ou l'origine du druidisme, qui les importune dans leurs idées de gloire ou de bel esprit. Des Anglais, d'autre part, trop bien instruits de leur histoire première, afin de se donner un vernis d'antiquité, et de faire oublier leur tatouage, se sont tout simplement attribué l'institution des druides ; mais tout ce qu'on vient de rapporter des anciennes émigrations des Gaulois, de leurs conquêtes en Grèce, en Asie, et de la prise de Rome, prouve le contraire. Les témoignages des plus grands hommes de

---

hærentibus membris, immobile corpus, vulneribus præberent... veste ferali, crinibus dejectis, faces præferebant, druidæ Gallicanæ. (Tac., l. 14.)

la Grèce, de l'Egypte et de Rome, dans lesquels il n'est nullement question des Bretons,
qui étaient sauvages, féroces et *tatoués*, alors
même que les habitans des Gaules étaient en
grande et honorable civilisation, nous prouvent encore jusqu'à quel point on peut s'é-
garer, quand on marche à rebours du flam-
beau de l'histoire. Ce serait, en définitive,
faire beaucoup d'honneur aux Anglais, que
de les faire descendre des Gaulois.

Les druidesses jouissaient d'une sorte d'indépendance à l'égard des druides. Leur sacerdoce avait ses règles, pour ne pas dire
son dogme ; elles étaient néanmoins le plus
souvent consultées par les guerriers, sur le
sort des combats ; elles avaient des jours heureux et malheureux : la lune était leur grand
point de mire (1). Ne les accusons pas d'i-
gnorance ; Hésiode les sauve de tous reproches sur les jours heureux et malheureux ;
dans le dix-neuvième siècle encore, on ne
met point à la voile un vendredi.

Voici quelques maximes des druides, que
j'ai prises dans la *République séquanaise* de

---

(1) *Ea consuetudo, non esse fas... antè novam lunam,
prælio contendere.* (Cæs.)

Golut; elles offrent un vaste champ aux réflexions du philosophe :

, « Être enseigné dans les bois sacrés.

« Le siècle est de trente ans.

« Il faut apprendre les sciences de mé-
« moire.

« Le gui rend fécondes les femmes sté-
« riles.

« On doit être vrai, diligent et prudent en
« administration.

« On ne doit jamais sacrifier sans un ra-
« meau de chêne ou de roûre.

« Les âmes sont immortelles (1).

« Le monde est immortel.

« Si la terre finit, ce sera par l'eau ou par
« le feu.

« La jeunesse finit, quand on se sent en
« état de combattre pour la liberté.

« En grandes choses, il faut immoler un
« homme.

« Nul sacrifice ne soit fait sans druide (2).

« La lune guérit tout.

---

(1) *Druidæ animas et mundum immortales statuunt.....
tamen aliquandò, ignem aut aquam superaturos* (Strab.)

(2) *Nec cuiquam sacrum facere absque philosopho , fas
est.* (Diod. de S.)

« Tout père de famille est roi dans sa
« maison.

« Les inimitiés sont bonnes entre les grands,
« afin qu'ils s'accusent, s'ils conspirent con-
« tre la liberté.

« Le traître est châtié par le feu. »

CHAPITRE IX.

Le régime diététique des Gaulois. — Ses influences morales et physiques. — Quels animaux servaient à leur nourriture. — Ils ont
dû consommer beaucoup de poissons. — Question philosophique
sur le premier refuge de l'homme, et sur les choses qui servaient à le nourrir. — Les plantes les plus renommées. — Les
Gaulois vivaient de laitage, du sang des chevaux et de leur
chair. — Leurs troupeaux domestiques. — Leurs festins, leurs
repas et usages relatifs. — Chaque territoire dévolu exclusivement au pâturage. — Les époques où ils ont eu recours aux céréales. — Leurs lois pour la première culture du blé. — Il est
faux que les Gaulois aient vécu de gland ; motifs et preuves. —
Les poissons ont été une grande ressource. — De toute antiquité
ils ont connu la bière. — Ils recueillaient beaucoup de miel. —
Les premières cultures de la vigne. — Il y avait plus de quatre
siècles que les Gaulois connaissaient le vin et la vendange, avant
l'époque du conte laissé par Tite-Live. — Réfutation de ce
conte, par Pasquier.

J'AI dit, et souvent, que le régime diététique était le moyen le plus sûr, à défaut
d'histoire, et même avec l'histoire, pour bien
juger de la civilisation, des mœurs, des lois
et du caractère de chaque peuple. Selon tous

les historiens, les Gaules avaient une grande population ; leurs peuples jouissaient donc d'un régime qui la favorisait. Florus, qui vivait sous Trajan, était encore frappé de la taille et de la force prodigieuse des Gaulois, qu'il dit terribles dans les combats, par les dimensions de leurs armes (1).

Cicéron avouait que les Romains étaient inférieurs, pour la force, aux Gaulois.

« Les femmes, dit Strabon, d'autre part, étaient très-fécondes, et, de plus, bonnes nourrices (2). » Aucun peuple connu n'a montré pour la liberté et pour la patrie une âme plus noble et plus forte, unie à des mœurs plus constantes, fortifiées d'ailleurs par le dogme

-----

(1) *Ingentibus armis, corporum mole.* (Lib. 1.)
Nec robore Gallos superavimus. (Cic.)

(2) Puisque nous en sommes sur ce point, faisons observer que, pendant vingt siècles encore, les femmes nobles et bourgeoises des Francs, jusqu'au dix-huitième, feront nourrir leurs enfans par des femmes mercenaires, quand les femmes gauloises *barbares* étaient fidèles à la loi sacrée et divine de la nature. Disons plus, car c'est un fait : une femme noble riche, ou une bourgeoise, en 1780, se serait crue déshonorée en nourrissant elle-même son fils.

Mulieres eorum fœcundœ et educatrices bonœ. (Strab., l. 51.)

religieux! Leur régime était donc compatible avec ces qualités sublimes dans l'homme. On ne peut dire sans doute l'époque où les Gaulois ont quitté la vie sauvage; mais puisqu'il est généralement reconnu qu'ils sont indigètes, ils ont dû subir la loi commune de la nature, ou, en d'autres termes, celle de la nécessité; les plantes, les baies, les fruits, le gibier des forêts et les poissons, auront donc formé le premier ordre des choses qui ont servi à leur nourriture.

Je ne veux point faire le procès à l'homme sur l'emploi qu'il a fait des animaux domestiques pour vivre et se substanter lui-même; mais je suis convaincu qu'il y a été amené par l'inexorable nécessité, et que l'habitude, après en avoir fait un besoin, faute de ressources spontanées dans la nature, en a fait successivement un plaisir. Combien donc cet empire a été grand, puisque les magistrats et les mères de famille n'ont pas mis en exception la douce et belle génisse, dont les formes et le paisible caractère devaient inspirer de l'intérêt et de l'attachement à ceux qui les élevaient! Combien cet empire ou cette habitude doit étonner le philosophe même, puisqu'en laissant la vie à la génisse, on se ménageait une source abondante de lait, qui faisait vivre, et qu'on assurait indéfiniment la multiplication de l'espèce ! Mais, dans les plus hauts destins, le sort de la génisse, au contraire, a été le plus en butte aux couteaux des sacrifices ; car les dieux, les déesses, les rois, les reines et tous les grands de la terre ont sans cesse commandé par préférence ce genre de sacrifice, voulant en outre qu'elles fussent belles, sans taches, et d'une couleur déterminée. Ainsi donc, de siècle en siècle, on a de plus en plus altéré les germes et les développemens de la beauté de l'espèce. Les Juifs ou les Hébreux, de leur côté, se sont accoutumés à substituer le veau à l'agneau, pour la célébration de la pâque.

Les philosophes, qui font sortir l'homme du sein des eaux, trouvent ici de forts argumens pour appuyer leur système ; car, en considérant l'homme dans l'état de pure nature, sans défense propre en lui contre les animaux voraces et carnivores ; sans industrie pour se vêtir et pour édifier des toits ; sans instinct, ou plutôt avec l'horreur innée de faire servir à sa nourriture le sang et les entrailles des animaux terrestres, il paraît évident que les eaux, à toutes fins, ont été son premier refuge et son plus sûr abri contre les rigueurs des saisons, et contre tous ses ennemis dans le règne animé de la nature. Les eaux ont été, en même temps, le domaine où il a trouvé le plus constamment de quoi vivre. Dans cet état, l'homme a donc dû habiter long-temps les bords des mers, des fleuves et des marais où se rendaient habituellement les oiseaux de passage, et près desquels encore résidaient un grand nombre d'oiseaux aquatiques, dont ils faisaient leur proie, et auxquels, dans la saison des pontes, ils enlevaient les œufs pour en vivre. C'est une ressource qui n'avait pas échappé à Jules-César. « Dans leur régime, disait-il, il vivent encore des œufs des oiseaux (1). »

Les peuples sauvages, au surplus, se tiennent encore dans de tels lieux, et vivent de cette manière. Les parties de la terre que baignent les eaux, et surtout celles des fleuves, sont en effet les plus riches et les plus fertiles en végétaux, en fruits nourrissans ; dans aucun système sur la nature, du reste,

____

(1) *Avis avium vivere.* (J. Cæsar, *de Bell. Gall.*)

les causes finales n'ont reçu une plus juste application.

Si on consulte les anciens patriarches, l'homme, dans son origine, a manifesté un goût décidé pour les racines, pour les grains et pour les fruits ; les siècles qui se sont écoulés sur son premier âge, ne l'ont pas fait changer, et ce serait peut-être à ce cercle qu'il faudrait borner le premier ordre des vivres de l'homme ; car, pour la sapidité, pour les satisfactions substantielles et pour le charme du goût, aucune autre nourriture ne peut être comparée à celle qu'on trouve dans les choses que produit la terre, et que mûrit le soleil.

Les êtres mêmes que la nature a disposés pour être amphibies, malgré l'immensité des ressources que les eaux leur offraient pour se nourrir, n'ont jamais cessé de rechercher avec avidité les fruits de la terre ; et qui sait si dans le nombre de ceux qu'on répute maintenant organisés pour vivre à l'air libre, il n'y en a pas que les charmes du soleil et les fruits de la terre ont fait successivement renoncer à leurs humides et premiers berceaux ?

La terre a eu son bel âge ; mais elle est promptement devenue, pour l'homme, avare et marâtre, à mesure qu'il est devenu lui-même dominateur, méchant et cruel. La faim, la terrible faim est née de son ingratitude et de son orgueil. Dans l'excès de ses besoins et de ses passions, il s'est promptement accoutumé à verser le sang des autres animaux. Cette première barrière franchie, il n'a plus connu de frein dans ses exterminations. Ainsi abandonné à lui-même, la haine et la colère lui ont bientôt fait verser le sang de son semblable, et c'est alors que la sociabilité a dû commencer.

Quel qu'ait été le passage des Gaulois de l'état de nature à celui de sociabilité, il est du moins certain que les druides, dans leurs plus anciennes institutions, s'attachaient à faire connaître les plantes qui pouvaient servir à la nourriture de l'homme, et même à le guérir de ses maux. Il serait téméraire d'entreprendre de désigner les espèces et les modes alimentaires; car l'érudit qui, par des recherches combinées, approcherait le plus de la réalité, courrait le risque de n'être pas cru, tant sont extrêmement changées et les productions et les dispositions des organes; il faut donc se borner à prendre pour époque et pour autorité, les âges et les écrits d'Hippocrate, de Théophraste, de Dioscoride et de Pline. Les uns et les autres affirment ou reconnaissent qu'il y a eu des échanges ou des naturalisations de plantes légumières entre les grandes nations d'Europe, d'Asie et d'Afrique. Le pavot, le sésame, le carthame, le riccin, les plantes bulbeuses, et surtout les cucurbitacées, ont été chers à tous les anciens. Rigoureusement, sauf des exceptions de localités, on pourrait affirmer que, dans les premiers siècles héroïques, les plantes légumières ont été la base de la nourriture de l'homme. Les honneurs divins rendus à Cérès et à Triptolème, pour avoir appris à connaître le blé et à le cultiver, prouvent seuls que jusqu'alors les Grecs avaient été souvent aux abois pour vivre, puisque l'emploi du blé les a portés, non seulement à décerner les honneurs divins, mais encore à en consacrer perpétuellement l'époque, par la commémoration la plus solennelle qui ait jamais existé sur la terre.

Les céréales, cependant, ne doivent être considérées, au moins pour l'Europe, que dans le troisième ordre des choses que l'homme a recherchées pour vivre.

Les Gaulois partageaient le même goût

pour les plantes ; ils en cultivaient beaucoup qui étaient natives de leurs contrées, et dont l'usage, pour le plus grand nombre, se confondait avec l'art de guérir.

S'il faut commencer par la plus fameuse, on doit nommer la gentiane. On veut que celui qui en a fait connaître les vertus, ait été élu roi. Mais ce qu'il y a de certain, c'est que les Grecs, les Espagnols, les Latins et les Germains, ont tous célébré cette plante. Apulée, Dioscoride, Pline, en ont longuement disserté. Servait-elle alors à nourrir l'homme ? En la connaissant, on hésite à l'affirmer. Quoi qu'il en soit, depuis ces siècles reculés, cette plante jouit sans interruption d'un grand renom dans nos campagnes, où elle est employée non seulement à guérir les hommes, mais encore les bestiaux. Les Italiens font également encore grand cas de la gentiane, pour des maladies internes, pour des plaies, pour des morsures, et même pour combattre la rage.

L'angélique est réputée originaire du nord ; c'est dans l'Islande, dit-on, qu'elle développe une plus grande et plus heureuse végétation. Cette plante, assaisonnée de miel, était un mets très-cher aux Gaulois. Rembert rap-

porte que des voyageurs égarés s'en sont exclusivement nourris pendant plusieurs jours.

Gallien réputait *l'arum* plus utile que les
raves, et d'un meilleur goût. Dioscoride a
indiqué la manière d'en assaisonner les feuilles.

La serpentaire cuite, et passée à deux ou
trois eaux, était un mets nourrissant et agréa-
ble, lorsqu'elle était préparée avec du miel.

Les anciens, en général, ont su tirer un
plus grand parti que nous des plantes aquatiques, et particulièrement des iris ; les racines, les tiges cachées par les eaux et les
graines, leur servaient de nourriture. Le
glayeul jaune, en effet, porte des graines qui,
torréfiées, sont réellement bonnes à manger.
Les Gaulois en faisaient une de leurs frian-
dises. Le goût et l'arome de ces graines ap-
prochent beaucoup de ceux du café.

Le chamœlé servait à relever le goût des
viandes et des légumes bouillis.

Jules-César parle d'une plante avec laquelle
on faisait du pain (1). La plante qu'il nomme
chara, était infailliblement *l'arum*, qui vient
en abondance dans les lieux humides et cou-

---

(1) *Est etiam genus radicis quod appellatur chara, ex
quo... panes.* (J. Cæs., l. X.)

verts. On a pu, dans une famine, faire une sorte de pain avec sa racine. Mais on ne peut croire que Jules-César en ait nourri son armée. Il faut mettre de même au nombre des épisodes mensongers, qu'il ait fait offrir de ce pain aux soldats de Pompée, qui mouraient de faim ; l'offre n'est pas plus vraie que la défense de Pompée de montrer un tel pain à son armée. Telle est la destinée de l'histoire : les mensonges, les sottises et les préjugés que la simple raison réprouve, surnagent toujours dans les livres des histotoriens, comme les bâtons flottent sur les eaux.

Il est de fait, au surplus, que les Gaulois cultivaient la rave et l'oignon avant l'invasion des Romains ; Pline, du moins, l'affirme. Les Romains nommaient *cœpa* l'oignon, que les Bourguignons ont fait nommer *unio*, , oignon.

L'usage de la viande étant devenu plus commun, par suite d'un plus grand nombre de bestiaux domestiques, les Gaulois ont successivement renoncé aux recherches pénibles et fortuites des plantes et des fruits spontanés ; on a perdu ainsi beaucoup de découvertes que la nécessité avait fait faire, et

qu'on doit regretter, du moins pour l'histoire
de la science.

César, à son arrivée dans les Gaules,
étonné de la grande stature, de la force et
du courage des Gaulois, s'attacha à bien connaître leur régime diététique ; sur ce point,
nul n'a mieux observé les Gaulois. Il rapporte qu'ils consommaient peu de blé, mais
beaucoup de laitage, de viandes d'animaux
domestiques, et de gibier. « Ce régime,
ajoute-t-il, soutenu d'ailleurs par beaucoup
d'exercice et par une vie libre, en faisait des
hommes prodigieusement forts (1). »

Il paraît que la première conquête des
Gaulois a été celle de la vache ; le lait, du
moins, est le premier aliment qu'ils aient
cherché à fixer dans leur état de domesticité.

Le porc était devenu promptement aussi
un mets habituel ; ils en avaient d'immenses
troupeaux dans les forêts ; son empreinte for-

---

(1) *Nequè multum frumento, sed maximam partem
lacte atque pecore vivunt; multumque sunt in venationibus;
quæ res, et cibi genere et quotidiana exercitatione et liber-
tate, vitæ... vires alit et immani corporum magnitudine
homines efficit.* (J. Cæs., l. 4.)

mait le sceau du sénat des Eduens. Strabon dit qu'après la conquête de Jules-César, les Gaulois envoyaient beaucoup de porcs à Rome et en Italie. Il assure que les plus élevés, les plus forts et les plus vites étaient ceux des Eduens et des Séquaniens (1).

Les Gaulois vivaient aussi de la chair du cheval ; comme les Scythes, ils trayaient les cavales, et ils tiraient habituellement du sang des veines de leurs chevaux, qu'ils mêlaient avec du lait : c'était pour eux un mets délicieux.

L'usage du lait de cavale en boisson est très-ancien, car Zoroastre dit que les Indiens en faisaient une grande consommation. Ce breuvage était même prescrit aux femmes qui venaient d'accoucher. M. Pallas vient de nous dire que les Tatares encore traient leurs jumens *à toute heure*, et les vaches deux fois par jour. Si le premier fait est exact, il mérite d'être approfondi par les savans vétérinaires. Il ne paraît pas, au surplus, que les Gaulois aient connu le beurre. Tacite se borne à dire : *Victus eorum, in lacte, caseo et carne consistit.*

(1) *Carnibus maximè suillis, copiam Romæ et plerisque Italiæ partibus... sues in agris pernoctant, altitudine, robore et celeritate præstantes.* (Strab., l. 4.)

Le lait des cavales avait un autre grand attrait pour les peuples barbares, en ce que, s'aigrissant promptement, il devenait très-spiritueux. On appelait cette liqueur *arack*, ou *araka*.

La boisson du sang a été d'un goût général chez les anciens peuples du nord ; ils lui attribuaient leur force et leur vigueur. La tradition n'en est pas tout à fait perdue, car, dans les Alpes et les Pyrénées, les chasseurs fatigués boivent aussitôt le sang du chamois qu'ils tuent ; ils déclarent de même que cette boisson répare éminemment leurs fatigues.

Pour faire mieux comprendre la jouissance commune du territoire, dont le principe était adopté et suivi chez les Germains, il faut ici faire observer que les Gaulois avaient établi plusieurs divisions, dont Jules-César nous a laissé les dénominations.

La première était celle d'une grande contrée, et dans laquelle souvent il y avait plusieurs nations ; elle se nommait *ager* ; ainsi, le territoire de Lyon se nommait *ager Lugdunensis* ; l'Auvergne, *Arvernensis* ; l'Anjou, *Andegavensis*, etc.

. La seconde division était connue sous le

titre de *civitas;* il y avait ordinairement une fort chef-lieu, avec une banlieue quelquefois très-étendue.

La troisième était le *vicus,* avec un territoire circonscrit.

Dans cet état de choses, les Gaulois étaient essentiellement pasteurs. Les troupeaux paissaient surtout le territoire. Si dans quelques localités ils entraient sur un autre, ce n'était qu'à titre de réciprocité préalablement convenue. Cette circonstance était en quelque sorte commandée par la nature; elle s'est prolongée jusqu'à nos jours vers les Alpes et les Pyrénées. Les guerres les plus envenimées, celles même de la religion, n'ont pas fait interrompre ces fréquentations, tant il est vrai que les hommes des champs ont eu plus de raison et de charité que les conseillers des rois et des papes.

On conçoit que la déambulance des troupeaux sur chaque territoire ait été long-temps un grand obstacle à la culture des céréales. A cette première considération, il faut joindre celle du mépris des Gaulois pour le travail à la terre. C'est à ce sujet que Tacite a dit : « Il est bien plus facile de faire un appel aux Gaulois pour faire la guerre ou pour donner des marques de bravoure, que de leur persuader les avantages de l'agriculture (1). »

Avec une si grande population, avec tant de guerres civiles, il a bien fallu récourir à d'autres ressources qu'à celles usitées, pour vivre et se soutenir en corps de nation. Il serait téméraire d'assigner l'époque des cultures céréales chez les Gaulois ; mais il est à présumer qu'il n'y aura eu d'abord que des essais, dont les effets appréciés se seront étendus successivement. Deux choses frappent, sous ce rapport ; la première, qu'ils assujettissaient leurs femmes à travailler la terre, ce qui suppose déjà une culture quelconque ; la seconde, qu'ils n'avaient point d'esclaves. Quoique Pline le jeune ne soit pas une autorité sur laquelle on puisse positivement s'appuyer, il importe pourtant de rappeler ici son opinion sur le fait des esclaves.

Il divisait les Gaulois en deux classes, celle des druides, et celle des chevaliers ; mais le

---

(1) *Nec arare terram aut annum expectare, tam facile persuaseris, quàm vocare hostes et vulnera mereri ; pigrum quin imò et iners videtur, sudore adquirere quod possit sanguine parari.* (Tac.)

peuple, en dehors de ceux-ci, n'a pas été considéré comme esclave. La formation des armées, les émigrations et les colonies ne se composaient pourtant que de Gaulois plébéiens, du moins pour le plus grand nombre, et on n'a jamais dit que les Gaulois, qui émigraient quand ils fondaient une ville, aient constitué parmi eux l'esclavage. Polybe me paraît trancher ou résoudre la question, en faisant observer que les Gaulois pouvaient se vendre comme esclaves. Toute la force étant dans le peuple, les druides avaient intérêt de maintenir cet état politique. Les chefs des armées, de leur côté, avaient alors le bon sens de reconnaître qu'ils devaient leur autorité à la masse du peuple ; on n'a jamais dit, enfin, que, dans les délibérations publiques, il n'y avait que des druides, des chefs ou un roi. Je laisse à d'autres le soin d'établir cette question dans tout son jour ou ses réalités. Voici, du reste, le texte de Pline : *In Galliâ duo sunt genera hominum, nam plebs penè servorum habetur ; de his druidûm, alterum equitum.* (Pl., l. 30.)

Il ne faut pas confondre les serviteurs attachés aux sanctuaires, avec les esclaves qui existaient chez les nations étrangères, et aux-

quels on commandait les travaux les plus pénibles et les plus ignobles. César n'eût pas
manqué d'en faire la remarque, soit pour le
genre de service, soit pour les distinctions,
par la chevelure et le vêtement. Il est d'accord, au contraire, avec Tacite, Justin et
Strabon, sur le fait que les femmes seules
chez les Gaulois travaillaient à la terre (1).

Toutes ces citations, dans lesquelles il est
question de *sillons, de charrue et de grains,*
prouvent déjà qu'il y avait un commencement d'agriculture; mais il y a un rapport
unanime entre les auteurs les plus respectables, sur le point que les femmes seules
étaient chargées du travail à la terre. La
première conséquence à en tirer, il me semble, c'est que les Gaulois, dans leur ordre
social, n'admettaient pas d'esclaves. Je con-

______

(1) *Gallæ eorum fœminæ res domesticas, agrorumque
culturas administrant; ipsi armis et rapinis serviunt.* (Just.,
1. 44.)

*Cœtera fœmineus peragit labor; addere sulco semina,
et impresso tellurem vertere arotro, segne viris.* (Sil. Ital.)

*Fortissimus nihil agens, penatium et agrorum cura,
fœminis senibusque.* (Tac.)

*Muliéres enim agros colunt; hœc communia, Celtis
Thracibus et Scythis.* (Strab., 1. 3.)

viens que cette question est toute neuve, car je n'ai vu nulle part qu'on ait fait cette honorable exception en faveur des Gaulois, qu'on accable de mépris et d'outrages. J'ai vu, au contraire, que l'esclavage était un élément essentiel chez les Perses et les Mèdes ; que les républiques les plus fameuses avaient constitué le code des esclaves avec une rigueur excessive, et qu'elles avaient même imposé le vêtement spécial des esclaves à ceux des peuples qui, par amour pour la liberté, pour leur pays et pour leurs dieux, avaient combattu sous les bannières de leurs magistrats ou de leurs rois. Rome, sous ce rapport, a été non moins extrême, car elle a fait de l'esclavage un droit public, car elle a traité les peuples conquis ou soumis avec une barbarie inconnue, même aux peuples sauvages. Celui qu'on répute le plus grand, le plus vertueux des Romains, le vieux Caton même, a été un tyran cruel envers ses esclaves, car il leur faisait acheter le droit de se marier, et de coucher avec leurs femmes, et il les nourrissait moins bien qu'une meute de chiens.

La religion chrétienne n'a point fait interrompre cet usage impie et barbare, que le

culté de Mahomet a adopté, et qu'il conserve
avec une telle latitude, qu'il est permis de
douter encore qu'on soit parvenu en politique à un siècle de lumières et de philosophie,
ou du moins qu'on existe sous l'empire d'un
droit des gens.

Pour bien juger cette question, relativement aux Gaulois, il convient de se reporter
aux époques des grandes émigrations, et de
se fixer sur l'âge et les qualités de ceux qui
en faisaient partie ; nous en avons vu qui
étaient composées de trois à quatre cent
mille hommes ; et ce n'est point exagérer,
que d'adjoindre à ces grands déplacemens un
plus grand nombre encore d'individus appar-
tenant aux familles qui suivaient les guerriers.

Nous avons vu que dans les émigrations,
il y avait des druides, des rois, fils ou neveux de rois, et que chaque famille emme-
nait avec elle ses enfans et ses vieillards ; c'é-
tait, dans toute la force du mot, des *essaims*.
Il fallait donc qu'il y eût des causes ou motifs
bien impérieux, pour faire déterminer le
magistrat et les familles à de tels départs, qui
dans tous les pays sont ordinairement des dé-
solations ; car on ne quitte jamais impuné-

ment pour toujours les lieux qui nous ont vu naître, et où on a formé sa jeunesse ; car on ne se sépare pas volontiers de ses pénates, de ses dieux, et des tombeaux de ses ancêtres.

Je ne sais si je me trompe , mais il me semble que toute grande émigration comportait nécessairement l'expectative d'un établissement national nouveau, avec ses hiérarchies et ses avantages, dont les Gaulois émigrans ne jouissaient pas dans leur patrie native, parce que le premier devoir qui leur y était imposé, devait être, comme dans une ruche d'abeilles, de se conformer aux lois du pays. Les magistrats eux-mêmes y trouvaient leur compte, parce qu'ils se déchargeaient du soin de pourvoir à un tel excédent de population, parce qu'ils se faisaient des alliés sûrs et dévoués dans les lieux où les émigrans allaient. Cette conséquence explique même pourquoi les Gaulois, dans les premières émigrations, ont fondé les villes dont nous avons déjà parlé (1). C'était, au

____

(1) Ainsi, parmi les abeilles, la ruche est la mère-patrie ; tous les individus la connaissent ou la sentent ; elles ne se trompent jamais, même au milieu de trente ruches.

surplus, la maxime romaine : *Ubicumque Romanus vicit, habitat.*

Ajoutons à toutes ces considérations, que ces départs assuraient à chaque Gaulois une liberté positive, tandis que dans le pays natal, tout homme était et devait être subordonné aux lois sociales préexistantes.

Si on éprouve des regrets à quitter sa patrie ou son berceau, il y a aussi une jouissance dans le cœur de l'homme, pour aller en fonder une autre dans un climat plus doux et plus riche. Il faut donc admettre que tous

---

Si quelques-unes sont jetées ou poursuivies vers une autre ruche que la leur, les abeilles indigènes les repoussent : les vertus de ces filles du ciel ne vont pas jusqu'à l'hospitalité.

Si la population vient à augmenter, la reine assigne un départ; tout alors est en mouvement dans la ruche-mère; l'essaim est toujours confié à un guide de la famille royale. Au signal donné, l'essaim part, et vole quelquefois très-loin; mais la colonie suit partout la reine, qui elle-même choisit le site du nouvel établissement. Une nouvelle patrie alors commence pour tous, avec les mêmes lois et avec les mêmes mœurs.

Xénophon les cite en modèles aux hommes : *Dux apum rex est, illi semper apes ultrò parent; nulla earum ab eo discedit, nulla ipsum deserit; tam mirificus amor eis innascitur.* (L. 5.)

ces jeûnes Gaulois, ardens et guerriers, qui n'étaient que des surnuméraires dans leurs familles respectives, se seront élancés d'enthousiasme pour aller se créer une patrie, et se livrer à des combats contre ceux qui s'y opposeraient (1). Cet élan était presque sans amertume, parce qu'ils partaient avec des chefs et des prêtres de leur pays, et parce que leurs familles propres les suivaient en grande partie. Qu'on ne s'étonne donc pas de lire que les Gaulois sont allés dans tant de régions, fonder des villes et des gouvernemens. Il paraît, toutefois, que les premières émigrations des Gaulois ont eu lieu dans la Germanie, et surtout vers le Rhin. Cette circonstance, positivement historique, d'après Jules-César et Tacite, explique pourquoi il y a eu tant d'analogies et de conformités entre les Germains et les Gaulois, pour les lois, les usages, les mœurs et les coutumes; car, sur ce point, les anciens historiens, dignes de foi, considèrent ces deux peuples comme n'en formant qu'un.

Il est certain, quant aux grains cultivés par

____

(1) C'était la passion des Hébreux pour la terre promise.

lès Gaulois, qu'ils sont les premiers qui aient mis le seigle en culture réglée ; tout porte à croire même qu'il était originaire du sol des Gaules. Les Grecs ne l'ont pas connu, et les Romains en avaient une très-mauvaise opinion : *Secale deterrimum.* (Pl.)

On croit que c'est dans le terroir de Valence qu'on a trouvé et cultivé le seigle. Les Romains, Ptolémée, entre autres, désignaient ainsi cette ville : *Civitas segalaunorum.* Ils cultivaient aussi le panis, puisqu'au siége de Marseille, par Jules-César, les habitans, nonobstant les ressources de la navigation et du commerce, vivaient de pain fait avec du panis vieux (1).

La première culture du froment en grand, a eu lieu chez les Allobroges, quoique certains auteurs en fassent honneur aux Belges.

Hérodote pensait que les Gaulois n'avaient connu le blé-froment que par leurs grandes émigrations, et qu'ils ne le préparaient pour en vivre, que par la torréfaction (2).

____

(1) *Panico enim vetere atque hordeo corrupto alebantur.* (J. Cæs., *Comm.*)

(2) *Triticum non serunt ad panem conficiendum, sed ad torrendum.*

Ne pouvant également dire avec certitude l'époque où les Gaulois ont exercé la charrue, il faut se rattacher aux relations que nous ont laissées les auteurs qui se sont plus spécialement occupés des Gaules. Nous venons de dire que la jouissance du territoire en commun pour les troupeaux, était une loi fondamentale, et dont l'infraction n'avait pu même garantir un héros gaulois de la perte de la vie.

Jules-César rapporte que les rois, les prêtres et les magistrats gaulois ayant enfin reconnu la nécessité de recourir aux céréales, ils s'étaient déterminés à déclarer qu'il serait permis de mettre en culture quelques parties du sol commun pacager ; mais avec la condition que ceux qui les auraient cultivées, ne pourraient ni se fixer près de ces champs, ni en continuer la culture l'année suivante. Par ce moyen, ils maintenaient l'indivision du territoire herbeux, et ils forçaient ceux qui n'avaient pas cultivé, à se tenir sous les armes ; l'année d'après, ceux-ci pouvaient se livrer à l'agriculture. Cette alternative était fondée sur la crainte que le goût sédentaire et agricole ne leur fît perdre le goût et l'habitude des armes ; ils craignaient en outre

que, si on établissait une culture profitable,
ou que si on se bâtissait des maisons, les
hommes guerriers et puissans ne vinssent
s'en emparer. Ainsi, c'était encore une loi nationale, que tout Gaulois ne pourrait rester
plus d'une année avec sa famille dans le même
lieu (1).

Jules-César nous a laissé un document qu'il
importe de reproduire ici ; c'est que pendant
la guerre d'Arioviste et celle des Romains,
les Gaulois en étaient réduits à se mettre
sous la protection des guerriers puissans et
renommés. Ainsi, chez les Eduens, Dumno-
rix ayant une forte cavalerie, s'était rendu
adjudicataire de toutes les terres mises en
culture, sous la condition de courir sus l'ennemi qui viendrait s'emparer des moissons.

Tacite confirme la manière de vivre des
Gaulois, par le lait, le fromage et la viande.
Il convient même de faire observer, rela-

---

(1) *Ne assuetá consuetudine capti, studium belli gerendi
agriculturá commutent, ne potentiores, humiliores pos-
sessionibus expellant ; ne accuratiùs ad frigora atque æstus vitandos, ædificent, et ut quisque suas opes, cum po-
tentissimis æquari videat.... neque longiùs anno remanere
in uno loco, incolendi causá liceat. (Cæs.)*

tivement à la viande, que les Gaulois la jetaient sur des brasiers ardens, non pour la faire cuire, mais pour la rendre plus sapide, et pour en dissiper l'humide aux surfaces.

« Le mode de vivre des Gaulois, dit Polybe, était simple; ils ne connaissaient point l'usage des ustensiles (1); ils prenaient leurs repas, assis sur des peaux de chiens ou de loups, ou sur des herbages (2). A chaque repas ou festin, il n'y avait qu'une coupe, dans laquelle on buvait tour à tour. Ne jamais refuser de boire, et saluer son voisin, étaient des règles de rigueur. »

Dans tous les festins, il y avait un chef qui, de droit, prenait le morceau réputé d'honneur. Le disputer, c'était s'engager dans un combat à mort (3).

Pendant des siècles, les Gaulois ont regardé le travail à la terre comme indigne

____

(1) *Galli suppellectilis nullum usum norunt, quippè simplex ille vivendi modus.* (Polyb.)

(2) *Galli sedentes in stramentis, cibum capiunt.* (Strab.)
In terram stramentis utentes coriis canum ac luporum. (Athœn., l. 5.)

(3) *Femur sumebat strenuosissimus; si quis alius.... ad interitum dimicabat.* (Athœn., id.)

d'eux; le pâturage seul était l'objet exclusif de leur administration générale. Chaque nation possédait son territoire (1). Cet ordre public tenait à un grand principe politique, au maintien de la liberté. Le sort du célèbre Arminius, qui avait usurpé à son profit personnel une partie du territoire communal, en est une grande preuve.

Tacite, Strabon et Horace même ont confirmé les observations de César (2).

L'homme d'Etat, philosophe ou historien, qui entreprendrait de remonter d'époque en époque à ces temps reculés, reconnaîtrait que cette jouissance commune de chaque territoire, était réellement la sauve-garde la plus certaine et la mieux raisonnée pour le sort de la liberté publique; il trouverait, du moins, que les derniers peuples libres ont été en effet ceux qui ont possédé leur territoire en commun. Cette observation de César démontre son excellente judiciaire, et en même

---

(1) *Privati ac separati agri apud eos nihil est.*(Cæs., l. 4.)

(2) *Per annos mutant ac superest ager.* (Tac.)

Nec cultura placet, longior annuâ. (Hor.)

Viri, bello quam agriculturâ meliores, tamen coguntur, positis armis, agros colere. (Strab.)

temps la juste connaissance qu'il avait acquise de l'esprit public des Gaulois et de
leur administration. Il y avait peine de mort
contre ceux qui défrichaient le pâturage commun (1).

Il importe de faire observer, et pour cause,
que la jouissance commune d'un territoire
était exempte de tout impôt foncier ; c'est un
point auquel tiendront un jour beaucoup les
Francs eux-mêmes, et pour le maintien duquel ils résisteront souvent à l'autorité royale.

Pendant tous les siècles qui ont précédé la
conquête de Jules-César, les Gaulois n'ont
connu d'autres propriétés particulières que
le butin fait sur l'ennemi, leurs chariots, qui
leur servaient de toits, et leurs troupeaux
domestiques.

Il fallait cependant que les Gaulois fussent
exercés déjà dans la culture des céréales, puisqu'au siége d'Alise, César et Vercingentorix
faisaient enlever des blés dans les environs
de Bourges et de Reims (2). Ces deux grands
hommes, au surplus, faisaient la guerre,

---

(1) *Morte plectunt agricolas qui.... intervertunt.* (Diod-
Sic.)

(2) *Molita cibaria sibi efferre jubet..... agris Rhemorum*

comme Darius et Alexandre, en détruisant partout les moissons. C'est ce mode terrible et barbare qui a tant hâté la ruine de la grande Grèce, où, de règle, on ne devait pas laisser debout un seul arbre fruitier (1).

Justin dit que les Espagnols ont primé les Gaulois par l'emploi de la charrue; qu'ils ont vénéré de toute antiquité un de leurs rois, nommé *Habis*, qui le premier leur aurait appris à atteler des bœufs à une charrue, et à semer des blés (2).

L'opinion des gens du monde, et d'ailleurs instruits, est généralement frappée du fait, que le gland a été la première nourriture de l'homme. Les orateurs, les poëtes, quand ils ont à s'exprimer sur l'enfance ou la barbarie de l'homme, ne manquent jamais de rappeler les siècles où l'homme allait dans les forêts chercher le gland pour vivre : cette phrase

---

depopulatis, omnibus vicis incensis, frumentisque succisis. (Cæs., l. 2.)

(1) C'était encore la philosophie et la politique d'Ibrahim en Morée.

(2) *Barbarum populum legibus junxit et boves primus aratro domari frumentaque sulco quærere docuit et ex agresti cibo, mitiore vesci.* (Just., l. 44.)

bannale a été dite souvent ; elle est même répétée à la tribune nationale ou législative.
L'Académie a couronné une pièce de poésie
où le poëte montre *le Gaulois gorgé de glands*.
Il y a dans cette étrange et absurde locution
autant d'ignorance des choses et de l'organisation physique de l'homme, que de mauvais
goût dans l'expression, et que les romantiques accréditent vivement.

Si tous ces messieurs, au lieu de dire des
mots, daignaient étudier un peu les choses, ils
sauraient bientôt que la forte âcreté du gland,
son essence styptique, et telle que la nature
la forme, ne peut aucunement être accessible
à nos organes digestifs : il ne peut être ici
question de préparations, puisqu'on suppose
les Gaulois dans un état sauvage. Quelques
faits, dans les disettes ou famines, ne peuvent pas plus justifier la consommation du
gland par l'homme, que de l'argile et du grès,
réduits en farine, qu'on mêlerait à d'autres
substances pour en faire du pain. Des voyageurs, des naturalistes, ont répété que maints
peuples vivaient de glands, tels, entre autres,
Apollonius et P. Mela ; mais il ne s'agissait
pas du gland du chêne. Pline a bien dit que
les arbres des Gaules étaient glandifères, *Gal-*

liarum arbores glandiferæ : Strabon dit aussi
que la Gaule porte beaucoup de glands; mais
ici, le mot est généralisé.

Arnobe a dit que, de son temps, on faisait
torréfier le gland pour en faire du pain ; et
moi aussi, en 1795, j'ai mangé d'un tel pain
en Auvergne; le gland avait été écrasé, passé
à plusieurs eaux, séché et moulu ; mais c'était
tout simplement un lest.

On prétend qu'il y a en Espagne une espèce de chêne qui porte des glands bons à
manger : cette exception d'abord, si elle
existe, se rapporte à un autre climat ; c'est
encore une merveille dont tout le monde
parle, comme du cytise, et que personne n'a
approfondie ; le silence des naturalistes est
déjà une assez grande preuve négative.

Homère, auquel il faut sans cesse recourir
pour toutes les choses de la nature, n'eût pas
manqué de dire un pareil emploi du gland.
Dans l'*Odyssée,* il fait engraisser les porcs
d'Eumée avec du gland ; mais il ne dit rien,
absolument rien, relativement à l'homme :

----

(1) *Gallia fert frumenta, milii ac glandis omnigenus.*
(Strab.)

cet argument, au surplus, est celui du savant Corsini (1).

Les Grecs et les Romains, comme on sait, ont généralisé le mot *gland* à toutes sortes de fruits; il y a le *glans fagea, glans castanea*, etc. Ulpian, dans son ouvrage sur la signification des mots, confirme parfaitement ces locutions (2).

Strabon, excellent observateur, a bien dit que les Espagnols vivaient des glands du chêne, *glande querná*; mais il explique le mode de préparation; il dit : « Ils font sécher le gland, l'écrasent ou le font moudre, et de la farine qui en sort, ils en font du pain qui se garde long-temps (3); » c'est ce qui se fait en France même dans les temps de disette.

----

(1) *Homerus scripsit Odysseo, sues glandibus pinguiores fieri : de hominibus toto opere silet; quod non fecisset, si suo sæculo, ut aiunt, ullus glandium usus mortalibus cognitus fuisset.* (Cors.)

(2) *Glans pro quolibet fructu usurpatur..... glandis appellatione, omnis fructus continetur.* (Ulp., Gaï, *de Verbor significatione.*)

(3) *Hispani, victo tenui utuntur.... glande vescuntur querná... siccatam, indè contusam molentes, e fariná panem conficientes, ad tempus reponunt...* (Strab., l. 3.)

Ausone aussi a dit que le gland avait été un aliment commun aux troupeaux et à l'homme ; mais ce n'est encore qu'une locution poétique ; il dit : *Olim communis homini cibus ac pecori glans.*

Les arbres à fruit devaient être fort rares dans les Gaules, et même après l'invasion des Romains ; il faut se défier cependant des affirmatives généralisées, car partout où il y a des abris, un sol calcaire profond, entremêlé d'arène ou de sable ferrugineux, on trouve des exceptions, ou il est possible d'en établir. Ainsi, par exemple, Diodore et Varron ont positivement déclaré que la vigne ne pouvait pas croître dans les Gaules (1) ; mais il y avait long-temps que la vigne y était connue au sud et dans l'ouest : c'est à cause d'elle ou par elle, qu'on peut bien dire que l'homme a su se faire des climats favorables.

Quant aux arbres qu'on peut considérer comme indigènes aux climats des Gaules, on est fondé à compter le cormier, l'alisier, le néflier et divers arbrisseaux qui produisent des baies ou des fruits. Tacite, en parlant des

____

(1) *Intùs ad Rhenum.. regiones accessi, ubi, nec vitis, nec poma nascerentur* (Varr., l. 1.)

ressources des Gaulois pour vivre, n'eût pas
dit : *Et agrestia poma.*

Le noyer, le pommier, le prunier, le noise-
tier, etc., ne sont pas originaires des Gaules; il
en est de même du châtaignier(1), qu'on croit
généralement provenir de la Lydie. Hérodote
en place la première découverte vers un cap
qu'il a nommé *Casthanea,* situé près du mont
Pelion, vis-à-vis l'écueil de Mœlibée. Théophraste a eu la même opinion dans ses *Conférences sur les plantes :* les Grecs nommaient
les châtaignes σαρξιουαι βαλανοι.

Parmi les ressources du régime gaulois, il
ne faut pas oublier le miel, dont ils recueillaient des quantités immenses (2). Dans le
siècle des lumières, et bien plus encore dans
le dix-neuvième, on a pensé que les forêts
étaient inutiles aux abeilles.

Une des plus grandes ressources des Gaulois pour vivre, a été, sans contredit, celle
des poissons de mer, des rivières et des lacs;

---

(1) Partout en France on affirme, même dans les so-
ciétés d'agriculture, que les plus vieilles charpentes sont
de bois de châtaignier : c'est une erreur manifeste ou un
préjugé déraisonnable déjà souvent et justement condamné.

(2) *In sylvis mel copiosissimè colligebatur.* (Plin.)

leur instinct, leur adresse et leur ardeur à les rechercher dans les eaux, mettent déjà une grande différence entre le goût ou l'appétit des Grecs et des Hébreux pour les poissons. Quelle différence encore des anciens Gaulois avec les habitans de la France! Les premiers étaient plus familiers avec la profondeur des eaux de la mer et des fleuves, que les seconds ne le sont avec les eaux des rivières ou ruisseaux; mais quel grand changement s'est donc opéré dans les facultés et les dispositions des organes, puisque l'homme est en quelque sorte l'être pour lequel les eaux sont devenues plus étranges ou contraires! on cite comme des phénomènes les hommes qui, en plongeant, restent quelques minutes dans l'eau, tandis que les sauvages d'Amérique, les icthyophages de la Carmanie et de l'Arianie, ne quittent presque pas les eaux de leurs parages. Quel Européen irait aujourd'hui, comme le Grec Scyllis, scier sous l'eau les poteaux qui tenaient les chaînes des vaisseaux ennemis?

L'immensité des côtes des Gaules sur les deux mers, celle des fleuves, des lacs et des rivières, donne déjà la mesure des grandes ressources que les Gaulois y trouvaient pour vivre ; leur haute stature, leur force et leur ardeur, font justement présumer qu'ils faisaient subir des préparations aux poissons qu'ils mangeaient, et que même ils les assaisonnaient de plantes et de graines odorantes ; il est du moins très-probable qu'ils les jetaient, ainsi que la viande, sur des brâsiers ardens ; car le poisson par lui-même est fade et nauséabond ; il est reconnu par tous les voyageurs, que les peuples qui en ont fait leur nourriture habituelle, sans recourir à l'action du feu, étaient pâles, faibles et sans énergie : or, les Gaulois, qui étaient si forts et si vigoureux, avaient donc recours aux assaisonnemens, et surtout au sel, qu'ils faisaient eux-mêmes, de la manière qui va être décrite.

La boisson composée des Gaulois, et la plus ancienne, a été la bière ; on n'ose pas dire qu'ils en ont été les inventeurs, car toute l'antiquité en attribue l'honneur aux Egyptiens. Cependant, on sait que partout les peuples sauvages ont manifesté et manifestent encore un vif attrait pour les liqueurs fermentées ; pour cela, il suffit presque de supposer un amas de grains ou de fruits, sur lequel on aura jeté de l'eau, et qui aura éprouvé une fermentation ; car les hasards, n'en dé-

plaise aux savans, ont fait la plus grande partie des découvertes.

Lorsque les Espagnols abordèrent au Mexique, les peuples faisaient avec le maïs une
boisson fermentée qu'ils nommaient *chica* :
ce fait seul sert d'argument pour toutes les
nations. Les Gaulois, plus que les autres peuples encore, se sont exercés sur la variété
des boissons, en ajoutant divers ingrédiens
pour en changer le goût ou la couleur (1).
Selon Diodore, ils faisaient une boisson avec
de l'orge (2); Florus a dit que c'était avec
du blé (3).

La bière proprement dite fut la boisson
des peuples les plus célèbres de l'Orient, et
même du Nord ; la plus renommée a été celle
de Péluse, ville à l'embouchure du Nil. Les
Egyptiens nommaient la bière *zythum*, et il
est assez remarquable que les anciens Némé-
siens la nommaient ainsi.

---

(1) *Galli ad vini similitudinem, potus multiplices.*
(Amm. Marcell., l. 15.)

(2) *Galli potum ex hordeo conficiunt.* (Diod. S.)

(3) *Galli sic vocant potionem indigenam ex frumento.*
(Flor., l. 2.) *Galli, cùm vinum non habent... potum.*
(Diod. S.)

Dans le nord et le centre des Gaules, on la nommait *cœlia;* les Espagnols la nommaient *ceria;* les Celtes, *cervisia.* Sous Julien, les Parisiens lui donnaient ce dernier nom; dans chaque famille, on conservait, comme ses pénates, la coupe à boire la cervoise.

Les Anglais et les Allemands l'ont nommée *bir* et *bier;* les Suédois, *sabaja;* les Thraces, *brytum.*

Dioscoride, avec grande raison, attribue la lèpre et les maladies cutanées à l'usage de la vieille bière, quand, en même temps, les Gaulois, si forts et si robustes, attribuaient à la bière leur bonne santé.

Les Gaulois, bien certainement, ont connu le vin avant leur première guerre avec les Romains; César et Diodore de Sicile attestent déjà cette préexistence dans les Gaules; les Belges ne se seraient pas prononcés si fortement contre le vin, s'il n'y eût pas été connu et commun (1).

La Lusitanie, selon Strabon, serait la première contrée de l'Europe où l'on aurait cultivé la vigne; la position du climat et les

____

(1) *Belgæ, nihil pati vini... quod relanguescere animos, remittique virtutem existimarent.*

grandes fréquentations avec les Grecs semblent justifier cette opinion ; mais ce qu'il en
dit exclut toute idée du transport des vins par
la voie du commerce (1).

Les Liguriens passent pour les premiers
peuples de l'Italie qui aient cultivé la vigne ;
mais puisque, plus de quatre siècles après,
les Romains ne connaissaient pas la fermentation du moût de la vendange, il faut croire
qu'ils consommaient leurs vins comme les
Lusitains, immédiatement après les vendanges : elles y étaient, au surplus, une époque
et une occasion de fêtes et de divertissemens ;
c'était, en outre, celle des noces.

Le premier charme du vin a été incontestablement sa douceur agréablement sucrée ;
on pouvait conserver le vin nouveau pendant
trente à quarante jours ; ce goût pour le vin
doux a traversé tous les siècles, cár il n'y a
pas cinquante ans que la Basse-Bourgogne
envoyait à Paris, au fur et à mesure des premières vendanges, quatre à cinq mille pièces
de vin blanc doux, dit *vin fou*, parce qu'il était
difficile de le tenir dans le tonneau. Sous

----

(1) *Vini parum habent Lusitani, et quod provenit, statim
consumunt in convivio.* (Strab., l. 3.)

Louis XV, on nommait ce vin, *le vin des dames;* à peine est-il accueilli maintenant par quelques *dames* de la halle.

Marseille, de toute ancienneté, a connu le vin et fait du vin (1).

Il est généralement reconnu qu'au troisième siècle de la fondation de Rome, le vin était très-rare dans le Latium; Lucius Papirius n'eût pas fait vœu d'offrir une coupe de vin à Jupiter, s'il revenait vainqueur du Samnium (2). Le vin, au surplus, n'a commencé à avoir quelque réputation en Italie qu'après la première conquête de la Grèce, d'où les Romains firent arriver ou enlever une colonie de vignerons; on sait d'ailleurs le mot épigrammatique de Pyrrhus, qui, trouvant très-acide le vin d'honneur qu'on lui offrit à Rome, dit : « Le raisin qui donne un tel vin mérite bien d'être pendu au faîte des arbres (3). »

Maintenant, je le demande au lecteur, que

---

(1) *Lompletes vinum bibunt ex regione Massiliensium.* (Strab., l. 4.)

(2) *Votum fecit, si vicisset, Jovi poculum vini.* (Plin., l. 14.)

(3) *Meritò matrem ejus pendere in tam altâ cruce.* (Idem.)

faut-il penser de Tite-Live, qui suppose hardiment que les Gaulois n'ont franchi les Alpes que pour y boire du vin; et qui, pour donner plus de créance à son allégation, a composé un petit roman, d'après lequel un certain *Aruns*, de Cluse, pour se venger de l'amant de sa femme, qui était puissant, aurait pris avec lui du vin et des fruits, et serait venu dans les Gaules pour exciter les Gaulois à pénétrer dans l'Italie et à se rendre à Cluse; le vin d'*Aruns* aurait transporté de joie les Gaulois, qui se seraient aussitôt déterminés à le suivre (1).

Le lecteur n'attend pas de moi sans doute une dissertation pour faire sentir toute l'absurdité d'un tel conte; qu'il me suffise de faire observer qu'il y avait déjà plus de deux siècles que les Gaulois avaient passé les Alpes et envahi la Grèce, où il y avait beaucoup de vignobles; et qu'à cette époque, il n'y avait aucune production, en Espagne et en Italie, qui ne fût et ne prospérât dans la Gaule Narbonnaise. Tous nos érudits, cependant, tous

---

(1) *Traditur famá, dulcedine frugum, maximè que vini nová tam voluptate captum, Alpes transiïsse, vinum illiciendæ gentis causá Aruntem clusinum.* (Tit.-Liv.)

les maîtres d'écoles répètent, expliquent et font apprendre par cœur à la jeunesse le conte de Tite-Live; tant il est vrai que l'encroûtement sur l'histoire des Gaulois est extrême. Que faut-il donc faire et dire pour susciter un historien national et de bon sens? en attendant ce phénix ou cet Hercule nouveau, je veux rapporter ce que disait à ce sujet le bon Pasquier :

« Certes, les historiographes latins, pour
« obscurcir notre louange, avancent que les
« Gaulois, alléchés de la douceur des vins
« d'Italie, dont ils avaient eu certaines infor-
« mations par espions, se donnèrent en plus
« grande ardeur ce pays en proie; toutefois,
« l'on sait que Sigovèse prit l'adresse de la
« Germanie, pays pour lors bien peu cultivé
« de vignobles, ce qui monstre que ce ne fut
« une friandise de vins..., ains... pour dé-
« charger ce pays des Gaules adoncques trop
« abondant en peuples, etc. »

Cette citation seule prouve que nos érudits, nos historiens et tous les historiographes, n'ont jamais écrit l'histoire avec le dessein de dire la vérité; Pasquier même, parce qu'il est national, et parce que son style n'est pas académique, est encore méconnu dans

l'opinion et dans les écoles par les Garnier,
les Dubos, et par tous les Laureau de la
France (1).

L'ART DE GUÉRIR DES GAULOIS.

L'exposé que nous venons de faire du régime diététique des Gaulois et de la grande
population qu'il comportait, nous impose
l'obligation d'offrir quelques réflexions sur
leur hygiène, ou sur leur science médicale ;
car on ne peut supposer qu'un peuple qui
était parvenu à une si grande population, et
même, quoi qu'on en dise, à une si haute civilisation, ne se soit pas occupé de l'art de
guérir, qui fut cher à tous les peuples, même
sauvages, qui fut une vraie sauve-garde pour
les familles, et en même temps un titre à la
considération publique, alors même que l'intérêt pouvait en être le plus fort mobile.

Il est généralement reconnu que tous les
peuples sauvages sont essentiellement observateurs ; faute de science méthodique, ils

---

(1) Dans ces derniers temps, M. Augustin Thierry a
été plus juste. (*Lettres sur l'histoire.*)

trouvent une compensation dans l'observation des choses qui les entourent ; sages ou
prudens, selon l'impulsion ou l'instinct de
la nature, ils procèdent par de simples tâtonnemens ou par des essais que leur indi-
quent maintes analogies.

On veut bien avouer que toute la science
des druides, dans leurs colléges, était exclusivement fondée sur des observations de fait,
et, par suite, sur un cours d'expériences positives. Grands observateurs des choses et des
êtres de la nature, on doit nécessairement
supposer qu'ils se sont constamment exercés
sur les moyens de conserver la santé et de guérir les maladies accidentelles ; et si la science
ou l'art de guérir ne se transmettait chez les
plus anciens Grecs que par la tradition, il
est tout légitime et naturel de croire à ce
mode même, chez les Gaulois, pour lesquels la tradition était une sorte d'évangile de
leurs prêtres, et en même temps un héritage
dans certaines familles, comme dans celle
d'Hippocrate.

Tibère, plus tard, en déclarant sa haine
contre les druides, qu'il faisait exterminer
partout où on lui en désignait, n'eût pas compris dans sa proscription ceux des druides

(291)

qui s'occupaient de la médecine (1). Polybe
également affirme que les Gaulois la prati-
quaient. (L. 25.)

Les Gaulois sont peut-être les peuples du
globe qui aient le moins redouté la mort; leur
dogme, l'opinion publique et leur passion
pour les combats, les portaient à la braver;
mais, par ces motifs mêmes, ils devaient
s'être occupés des moyens de prévenir et de
guérir des maladies qui les retenaient oisifs
ou les rendaient inutiles. Nous n'avons malheureusement que des conjectures ou des raisonnemens à offrir, pour prouver que les Gaulois possédaient des savans dans l'art de guérir. Mais il faut nécessairement admettre
qu'ils s'en étaient occupés, 1° parce que c'est
un ordre de choses commun aux peuples sauvages; 2° parce qu'on ne peut supposer que
les druides, renommés par leur philosophie
et par leurs sciences physiques, éclairés par
de constantes observations, ne se soient pas
occupés de celles qui guérissent les maladies et
les blessures; 3° parce que les druides et des
corps armés de Gaulois, ayant effectué pen-

---

(1) *Namque Tiberius... sustulit genus vatum, medico-
rumque.* (Plin., l. 31, c. 7.)

dant plusieurs siècles des émigrations en pays
étrangers et lointains, ils ont dû nécessairement encore y voir pratiquer ou enseigner
l'art de guérir. Si nous n'en avons pas des
traces effectives, on ne doit l'imputer qu'au
système absolu commandé par les druides,
de ne se confier en tout qu'à la tradition.
Nous sommes donc bien fondés à considérer
comme réelle la science ou l'art de guérir, par
la raison que, dans toutes les contrées des
Gaules, il y avait une immense population,
pour laquelle les druides et les rois ne pouvaient être indifférens.

Nous venons de voir quelle était leur nourriture habituelle, et l'influence qu'elle pouvait
avoir sur la vie et la santé des hommes, des
femmes, des vieillards et des enfans. Pour la
viande, ils préféraient celle des jeunes animaux fraîchement tués ; ils en corrigeaient
la crudité aux surfaces par le feu et sur des
braises ; ils faisaient torréfier des grains, tels
que le seigle, l'avoine et l'orge ; ils consommaient beaucoup de gibier et de poissons
préparés de la même manière ; ils avaient
encore soumis à leurs besoins beaucoup de
racines qui, étant cuites, perdaient de leur
âcreté, ou le stimulant des sels que comporte

la végétation ; mais il faut s'arrêter surtout à leurs boissons ; ils faisaient un grand usage de bière, et en général de liqueurs provenant de grains et de fruits fermentés, de lait et de petit-lait ; ils aimaient avec ardeur le lait des cavales, rendu spiritueux par la fermentation : celle enfin qu'ils préféraient à toutes, était le sang des cavales et celui des chevaux, pour réparer de grandes fatigues, pour ranimer les sens engourdis ; la tradition en est parvenue jusqu'à nous, car, comme nous l'avons déjà fait observer, dans les Pyrénées et les Alpes, le chasseur épuisé fait usage du sang du chamois ou du chevreuil qu'il vient de tuer.

On ne peut dire que les Gaulois aient étudié l'anatomie ; cependant, un peuple qui courait tant de dangers dans ses combats et ses chasses devait nécessairement recourir à des moyens pour guérir ses blessures. Si ce n'est là qu'une conjecture, il est au moins certain que, pour leurs maladies, comme pour leurs blessures, ils avaient recours aux plantes, soit par l'application des tiges, feuilles, fleurs ou racines, soit par des infusions ; et l'on peut, sans craindre de se tromper, mettre au rang de ces plantes, celles mêmes qu'ont dé-

signées pour cet usage les Pline et les Dioscoride; car le premier mot de toute science a
été donné par la tradition, qui, elle-même,
le tenait de l'expérience. Il faut voir, dans
cette mise à contribution des choses de la
nature, la pensée philosophique et divine,
que partout le Créateur a mis la créature,
telle qu'elle soit, à portée de trouver des
moyens pour vivre et pour se guérir, même
dans les lieux les plus marécageux, comme
dans ceux qui dominent au loin les mers.

L'étude des choses de la nature a occupé
les plus grands hommes; voyez Homère,
Hippocrate, Gallien, Celse, Dioscoride, Aristote, etc. De nos jours même, les plus grands
médecins n'ont-ils pas recours à des herbes,
à des écorces, à des mousses, à des baies, à des
feuilles (1) et à des fleurs? Ce n'est point aven-
turer un système ou une doctrine, de dire que
la première science d'hygiène est sortie des
observations des choses de la nature, et que
le médecin le plus sage encore est celui qui
revient ou se reporte vers elle.

Les explorateurs modernes se sont bien

____

(1) *Voyez* la feuille du théier.

gardés de nommer les Gaulois et les druides, relativement à l'art de guérir ; ils se sont tous arrêtés à Hippocrate ; ils ont bien vu qu'Homère avait signalé cet art, mais il n'a été pour eux qu'un poëte ; ils se sont hâtés de descendre dans les siècles des dogmatiseurs, dont toute la science et le renom ne consistaient que dans des disputes d'écoles ou de coteries. C'est alors que, pour le malheur de la science vraie dans l'art de guérir, les uns, dédaignant les traditions, se sont adonnés à expliquer toutes les causes ; quand les autres, faisant peu de cas des raisonnemens, ne s'attachaient qu'aux faits. De cette division, positive dans l'histoire de la médecine, est sortie la grande lutte entre les médecins discoureurs et les médecins guérisseurs ; dans le monde savant ou académique, les premiers étaient les médecins, et les autres, les empyriques ou les charlatans ; sur ce point, il faut convenir que la vieille Faculté de médecine de Paris n'a pas laissé de traces honorables pour la science vraie.

Mais ne nous écartons pas de l'histoire propre aux Gaulois, sur lesquels on est toujours au ton du mépris, pour ne vanter que les Grecs et les Romains. Apprenons donc à tous les détracteurs des Gaulois que Rome a été pendant plus de six cents ans sans médecins, sans livres relatifs et sans professeurs, quand il est certain, du moins, que les druides enseignaient les sciences physiques.

Toute l'antiquité dépose que l'invention de la thériaque appartient à Crinès, médecin gaulois, et que Rome le mettait elle-même au-dessus de Thémison, qui, pour la scientification, était le Halley de Rome. On sait encore qu'Ausone, né à Bazas, passe pour un empyrique. Oh! combien de fois n'avons-nous pas vu la Faculté de médecine et le parlement de Paris condamner des empyriques qui *avaient guéri!* N'est-ce pas des empyriques que le gouvernement a souvent acheté des remèdes utiles et précieux pour l'humanité? N'est-ce pas aux empyriques qu'on doit les opérations les plus hardies, ce qui du moins suppose des connaissances dans l'organisation du corps humain? N'est-ce pas à eux qu'on doit le quinquina, l'ipécacuanha, le kermès, le riccin, l'émétique, l'inoculation, etc., etc.?

CHAPITRE X.

Les mariages des Gaulois. — Considérations sur les forces physiques et sur les mœurs. — Le mot de Montaigne. — Les preuves de bravoure étaient une condition première pour être admis en mariage. — Modes et usages relatifs. — Les femmes gauloises, éminemment braves et enthousiastes de la liberté, nourrissaient leurs enfans. — L'adolescence durait jusqu'à vingt ans. — Le métier des armes, le premier de tous. — Leurs usages dans les batailles, dans les festins. — Il n'y avait pas de déshonneur dans le larcin par les armes. — L'hospitalité un devoir sacré. — Les funérailles, les usages. — Les Gaulois commencent à adopter l'édification des temples et le culte des Romains.

***

Les mariages des Gaulois offrent des considérations et des principes dignes de la plus sage philosophie ; il y avait en général une époque pour leurs célébrations ; et *une époque* pour un tel sujet reporte en quelque sorte l'homme au cours imprimé par la nature ; c'était ordinairement à l'entrée de l'hiver : *Invitat genialis hiems.*

Alors les campagnes de guerres étaient finies ; les moissons étaient faites, les provisions assurées ; c'était le temps du repos et des plaisirs ; on trouvait dans cette saison encore une cause qui, par ses effets, se confondait avec l'instinct général des animaux, pour lesquels le temps des amours est invariablement fixé sur la durée des gestations, et sur la saison où chaque progéniture peut trouver sur la terre ce qui convient pour vivre et pour faire accroître les développemens. Les exemples qu'on pourrait citer, en faisant admirer la sagesse de la nature, seraient encore des preuves nouvelles de celle même des Gaulois. .

Tacite a dit que les Gaulois épousaient plusieurs femmes, non par libertinage, mais à cause de leur rang (1). Ménandre a porté le nombre jusqu'à douze (2). César a fait observer que les Gaulois se mariaient dans leurs propres familles, et que les femmes étaient communes aux pères, aux frères, aux fils : les enfans étaient réputés appartenir à celui qui avait connu sa femme vierge (3).

---

(1) *Non libidine, sed ob nobilitatem, plurimis nuptiis ambiuntur.* (Tac.)

(2) *Undecimam, quinduodecimam plerique ducunt.* (Ménand.)

(3) *Uxores habent deni duodenique inter se communes;*

+ il s'agit dans César, non des gaulois, mais des Bretons insulaires du pays de Kent. Voila comment l'auteur comprend l'histoire

Les jeunes Gaulois étaient si tempérés, néanmoins, qu'ils ne se mariaient jamais avant l'âge de vingt ans ; tous étaient persuadés que, si on anticipait sur cette époque, on restait moins fort et moins brave (1).

« Les anciens Gaulois, dit Montaigne, « avaient une grande tempérance ; ils esti- « maient à extrêmes reproches d'avoir eu ac- « cointances de femmes, avant l'âge de vingt « ans ; ils recommandaient singulièrement aux « hommes de conserver bien avant leur pu- « celage, d'autant que les courages s'amollis- « sent et se divertissent par l'accouplement « des femmes. Tacite a dit sur ce sujet : *Sera* « *juvenum Venus.* »

Qu'on cite donc chez aucun peuple une sagesse plus admirable et plus vraie ; qu'on cite donc un plus beau triomphe de la raison et de l'éducation sur la passion la plus vive qui soit dans l'homme. Vingt siècles de civilisation et de perfectibilité n'ont encore produit

---

fratres cum fratribus et parentes cum liberis… nati, quibus virgines ductæ sunt. (Cæs., 1. 5, *de Bell. Gall.*)

(1) *Qui, diutissimè impuberes… vires confirmari putant… intrà annum vigesimum, fœminæ notitiam turpissimum habent.* (Cæs., 1. VI, *Comment.*)

aucune institution qui soit plus conforme à la nature humaine et plus utile à la sociabilité. Les législateurs les plus fameux, les fondateurs de religions et les philosophes les plus austères dans leurs plans respectifs, ont méconnu ce principe ; il en est même qui ont recommandé tout le contraire : tout essor prématuré, cependant, est en soi un avortement ou une dégradation, ou du moins une dégénérescence ; la nature, dans ses exemples, est positive, et il n'y a pas d'exceptions pour la brute, à qui elle accorde une certaine longévité.

Ainsi, les Gaulois, qu'on répute en France, si barbares et si ignorans, avaient très-bien observé et jugé la nature dans ses corrélations sur les mœurs publiques et sur le cours de la vie sociale ; tandis que nous, si fiers de nos connaissances physiques et morales, et des lois qui en règlent les applications, nous avons fait et faisons tout le contraire ; car tels sont aujourd'hui les débordemens des jeunes gens et l'aveuglement des parens, qu'on fait les mariages, même avant les premiers signes de puberté ; les antiques lois sociales sont tombées en mépris ; la fortune est le guide exclusif des alliances, l'abandon indé-

fini du pouvoir paternel, et les éducations domestiques, ont achevé cette révolution, fatale
à la société, fatale aux mœurs, qui en sont les
sauve-gardes, et aux forces physiques, qui en
sont les soutiens.

Dans l'opinion publique des Gaulois, la
bravoure était une des premières conditions
pour être admis en mariage ; les femmes, de
leur côté, dans les rangs inférieurs, ne s'u-
nissaient qu'à ceux qui avaient donné de telles
preuves (1).

Lorsqu'un père voulait marier sa fille, il
invitait plusieurs jeunes gens, estimés déjà
par leur valeur ; celui auquel la fille présen-
tait la coupe à boire était l'époux de son
choix. Les barbares Gaulois n'étaient-ils pas
plus sages et plus raisonnables que tant de
pères au dix-neuvième siècle, qui seuls déci-
dent les mariages de leurs enfans ? L'or en est
la condition première, et la maxime est en

____

(1) *Nemo uxorem ducit, nisi priùs hostis caput… pertu-
lerit ad regem.* (Strab.)

Chez les premiers Romains, l'époux apportait une lance
qui avait tué un ennemi ; elle servait à disposer les cheveux de la mariée. C'était encore un titre pour trouver
une épouse, d'avoir vaincu dans l'arène un gladiateur.

crédit dans les salons, comme à la bourse ; les penchans du cœur ne sont plus que des abstractions ; on s'en moque à l'envi dans le monde.

César prétend que les dots étaient réciproques ; Tacite, au contraire, dit que le mari seul en donnait une. J'inclinerais pour l'opinion de Tacite (1) ; le sort de la femme, après le mariage, semble autoriser le fait.

Les présens de noces étaient plutôt symboliques ou coutumiers que d'un grand prix. On se donnait ordinairement une génisse, un cheval, un bouclier et une lance : ces dons faits et acceptés, le lien devenait sacré : *Hoc maximum vinculum.*

Comme tous les anciens peuples, les Gaulois admettaient la danse dans leur culte et leurs solennités : c'était par elle surtout qu'ils célébraient leurs mariages ; ils y attachaient en quelque sorte le gage de la fécondité (2),

---

(1) *Dotem, non uxor marito, sed maritus uxori.* (Tac.)

(2) Pour les Suèves et les Danois, comme pour les Gaulois, c'était un grand bonheur d'avoir des enfans. Partout, au surplus, la stérilité était une sorte de malédiction, c'est-à-dire le plus grand malheur qui pouvait frapper les femmes.

sans laquelle il n'y avait pas de bonheur pour les femmes. Cette considération sur la danse, bien expliquée et bien entendue, pourrait être facilement justifiée, et dès lors laisser des regrets à ceux qui l'abandonnent, comme à ceux qui la condamnent.

Une fois mariées, les femmes gauloises étaient sous la dépendance absolue de leurs maris (1); elles ne mangeaient ni avec eux ni avec d'autres hommes : usage qui a été peut-être un des plus forts liens des mœurs antiques, et dont il existe encore un léger reflet dans les mœurs anglaises.

La corneille, qui est réputée ne plus s'aparier, quand elle a perdu celui auquel elle s'était attachée, était le symbole des femmes gauloises (2).

Les femmes des Gaulois étaient éminemment braves et enthousiastes de la liberté; elles suivaient partout leurs époux, même aux combats, où elles les excitaient; si elles apercevaient de l'incertitude pour la victoire,

______

(1) *Viri, in uxores, in liberos, vitæ necisque habent potestatem* (Cæs.)

(2) *Ex duabus, uná extinctá, altera perpetuò vidua permanet.* (Plin., l. 10.)

elles se jetaient dans la mêlée, préférant la mort à l'esclavage.

Le premier vœu d'une femme gauloise, en mettant au monde un enfant mâle, était qu'il n'eût qu'à mourir au milieu des armes (1).

Elles baignaient les enfans nouveaux-nés dans l'eau froide (2). Cet usage a été commun à tous les peuples du Nord, et l'on pourrait dire à tous ceux de la terre.

Il en a été de même des ablutions ou baptêmes institués par les cultes dans certains fleuves, lacs ou fontaines; pour les uns, c'était enlever au corps sa souillure originelle, idée commune encore à tous les peuples; pour les autres, c'était un signe ou un acte de réconciliation entre la créature et le Créateur; c'était sans doute aussi une obligation imposée, pour donner aux sacerdoces divers un gage de fidélité aux cultes établis.

Le fleuve du Gange tient le premier rang sous ce rapport, car ses eaux sont de foi universelle dans l'Asie.

---

(1) *Puerpera, si quandò marem edidit, gentilibus votis optat non aliter, quam in bello et inter arma mortem appetat.* (Solin., c. 23.)

(2) *Locis frigidissimis lavantur.* (Cæs.)

Le Rhin a été le Gange des Gaulois et des Germains ; selon M. Schutz, il était adoré comme un dieu.

Faisons observer, du reste, que, dans tous les temps, les Gaulois ont aimé les bains d'eau froide, quand les Romains préféraient ceux d'eau chaude.

Sévères dans leurs mœurs, les femmes gauloises en étaient nécessairement plus fidèles à leurs maris et aux lois de la nature ; elles élevaient elles-mêmes leurs enfans (1). Lorsqu'ils étaient sevrés, on les nourrissait avec du lait, du fromage mou, des fruits et de jeunes animaux fraîchement tués. Ils étaient habituellement nus ; ils recherchaient les eaux pour se baigner, et s'élevaient ainsi presque d'eux-mêmes, et en toute liberté d'aller où ils voulaient. Cette manière d'élever les enfans fut celle d'Henri IV ; elle a été long-temps celle des Anglais ; elle est encore celle des Ecossais. Ces observations de Tacite prouvent que les dames romaines étaient moins difficiles, et qu'elles s'étaient déjà beaucoup éman-

____

(1) *Sua quemque mater uberibus alit, nec ancillis, nec nutricibus delegantur.* (Tac.)

cipées des lois de la nature, pour le sentiment qu'elle inspire si vif et si tendre à toutes les mères en général. Faisons observer d'avance qu'il faudra, sous l'empire de la religion chrétienne, une immense période pour voir les dames françaises adopter le cours sacré du devoir envers les enfans ; faisons observer, par suite, que ce rappel au devoir des mères, d'allaiter leurs enfans, n'a point été donné par les médecins, même fameux, ni par les physiologistes, ni par les savans, ni même par les prêtres (que de réflexions ce fait seul suscite à la vraie philosophie!), mais par un philosophe qui s'était fait l'apôtre de la nature, et dont les œuvres sont à l'index de la scolastique sacerdotale et de tous les partisans des vieilles doctrines.

Les Gaulois adolescens ne quittaient leurs mères qu'à l'âge où ils étaient admis à porter les armes (1).

Les Gaulois belges veillaient le plus sévèrement au maintien de leurs forces physiques ; ils avaient une ceinture d'ordonnance ; et si l'un d'eux prenait trop d'embonpoint, il était

____

(1) *Nisi cùm adoleverint, et munus militiæ sustinere possint.* (Cæs., l. 6.)

mis hors des rangs pour faire la guerre (1).

C'est dans l'ardeur pour les combats (2)
que les Gaulois brillent de toute leur gloire
et de leur antique renom ; leurs dieux, l'opinion, le sentiment de la patrie et les chants
des bardes (3), leur donnaient une valeur à
toute épreuve ; aussi les familles ne comp-
taient que des héros. Ils étaient tous persuadés que, s'ils mouraient les armes à la main,
ils allaient immédiatement trouver le grand
Odin ; tandis que ceux que la mort surprenait
dans leurs lits, devaient servir long-temps
sous terre, avant d'être admis jusqu'à lui.

Les Gaulois combattaient *à corps décou-*
vert (4), quand, dans l'ère de la chevalerie,
si chère et si vantée aujourd'hui par les romantiques, on se couvrait de cuirasses, de

---

(1) *Belgæ, ne obesi fiant... et si quis adolescens... cin-*
gulo mensuram præscriptam excedat, mulctatur. (Strab.,
l. 4.)

(2) *In acie exultabant, tanquam gloriosè et feliciter*
vitâ excessuri (Val. Max.)

(3) *Bardi virorum illustrium facta cum dulcibus-liræ*
modulis cantitarunt. (Amm. Marcell.)

(4) *Ex adverso, robusta Gallorum corpora et nuda pe-*
tebantur; quæ res eos maximè extulit. (Appia., *de Bell.*
Parth.)

cuissards, de brassards, de casques, de visiè-
res, de gantelets, de talonnières. Les historiens et les poëtes romantiques n'ont pas même
daigné, dans ces derniers temps, en faire l'observation, tant ils auraient craint d'être réputés félons envers la noble chevalerie. Les
historiens mêmes de la révolution n'ont pas
osé faire la moindre allusion aux guerriers
gaulois qui combattaient à corps découverts,
comme les soldats de la grande armée ; c'était
pourtant un moyen fort juste de consacrer et
de légitimer la bravoure des Gaulois.

Lorsque les Gaulois marchaient aux combats, ils chantaient un hymne, auquel la tradition donne six mille ans de date, et dont le
refrain était

Bibemus
In præstantis Odini domicilio.

Les Gaulois étaient dans l'usage de mettre
les têtes de leurs ennemis au bout de leur
lance, ou de les suspendre au col de leurs chevaux ; cet usage les fait encore accuser de
barbarie (1). On ne veut pas voir, ou se rap-

----

(1) *Galli adversariorum capita amputant, et cervici-*

peler, que les Romains ont vu sanglantes les têtes de Pompée, de Cassius, de Brutus, etc. ; mais, dans un très-grand nombre d'églises, on voit en trophées des cordons de têtes coupées. Les Gaulois attachaient encore les têtes des ennemis à des arbres ou aux portes des villes (1). Tite-Live, l'oracle de nos historiens, a dit les mêmes faits.

D'après l'opinion des premiers siècles chrétiens, c'était même un signe de gloire et de triomphe ; chaque tête avait un caractère ; tantôt c'était la tête d'un diable, tantôt celle d'un hérésiarque, ou celle d'un roi vaincu ; presque toutes ces têtes étaient exécutées avec un tel génie, qu'il faudrait presque admettre la vengeance au nombre des muses qui inspiraient les sculpteurs, les poëtes et les prêtres de ce temps.

Dans les festins, le chef d'abord, et les autres après lui, buvaient dans le crâne d'un guerrier fameux ; ce n'était point par férocité,

---

bus equorum appendunt, ovantesque moris sui carmina.

Gallorum equites pectoribus equorum suspensa gestantes capita et lanceis infixa. (Tit.-Liv.)

(1) *Truncis arborum et ante portas oppidorum.* (Strab., l. 4.)

car les Gaulois buvaient également dans les crânes de leurs proches, morts au champ d'honneur : de telles coupes étaient sacrées, et pour aucun prix elles n'étaient à vendre. Rappelons ici que les Gaulois, vainqueurs des Romains, commandés par le consul Posthumius, mirent son crâne en coupe à boire : elle appartenait aux Boïens (1).

Dans leurs mœurs, les Gaulois, comme les Spartiates, n'attachaient point de déshonneur aux larcins par les armes; Strabon a dit la même chose des Espagnols; Vopiscus l'a répété pour tous les peuples du Nord (2). L'hospitalité y était, comme chez les Grecs, un lien sacré : ce sentiment national explique

-----

(1) *Hæ sunt apud ipsos pietatis ultima officia.* (Pomp. M.)
Sacrum vas iis erat et virtutis monumenta, nullo prætio vendere. (Tit-Liv.)

Caputque ducis præcisum, Boii ovantes templo, quod sanctissimum est apud eos, intulére; purgato deindè capite, ut mos iis erat, calvum auro cœlavére; id que sacrum vas, quod solemnibus libarent poculumque idem esse, sacerdoti. (Idem, L. 23.)

(2) *Nihil putabant pulchrius esse latrocinio. . apud Germanos nullam habent infamiam latrocinia.* (Pomp. M.)

Prædam omnem... quâ efferebantur ad gloriam. (Vop., in Probo.)

déjà l'intronisation de plusieurs colonies d'é-
trangers au sein des Gaules (1).

Les morts occupaient aussi la piété et les
devoirs des Gaulois : on les plaçait sur un
bûcher, et leurs cendres recueillies étaient
mises dans des vases ; si celui auquel on rendait les honneurs funéraires était un grand
ou un brave, on jetait sur le bûcher les personnes et les êtres qu'il avait le plus aimés.
Qu'on n'accuse point les Gaulois, car un
grand monarque, celui de la Chine, a réitéré
ce sacrifice dans le milieu du dix-huitième
siècle.

Le culte et les mœurs des Gaulois avaient
déjà subi de grandes modifications avant l'invasion des Romains. L'édification des temples en a été le premier changement notable :
il serait téméraire sans doute d'en assigner
l'époque, car ces édifices faisaient une exception, et même une transgression à la première idée qu'ils avaient eue du Créateur du
monde. Quoi qu'il en soit, les premiers temples ont été construits dans le Midi : César
déclare y en avoir vu ; Varron a dit qu'ils

---

(1) *Arcere tecto nefas habetur.* (Tac.)

adoraient jusqu'à quarante Jupiter sous différens noms.

La représentation des choses désirées ou vénérées n'y a pas peu contribué ; il faut croire même que ces édifices s'étaient multipliés avant la fin de l'ère consulaire, puisqu'on a trouvé en Bourgogne un temple, dans lequel Jupiter tenait une grappe de raisin à la main.

Il en a été de même de Bacchus, tant il a été toujours facile aux prêtres de faire vénérer les choses qui flattent les besoins et les passions. Bientôt, au surplus, c'est-à-dire sous les règnes de César et d'Auguste, les cultes des Gaulois, des Grecs et des Romains, existeront confondus et amis, dans ces Gaules que les eunuques de la littérature appellent *barbares*. Ces cultes existeront, jusqu'à l'établissement du sacerdoce chrétien, avec une tolérance de raison qui fera, dans tous les siècles, maudire la mémoire de ceux qui, pour assurer leurs intérêts propres, tourmenteront les consciences, et feront verser des torrens de sang.

Les divers monumens druidiques ont beaucoup plus occupé les savans des seizième et dix-septième siècles, que ceux de Louis XIV, qui furent tous des flatteurs du superbe monarque ; aujourd'hui même nos académies en sont venues au point de nier hardiment les monumens gaulois ; il leur faut absolument des fleurs de lis et des croix. Je me borne à citer le tombeau du fameux Chindonax, souverain pontife des druides, découvert sous Henri III, et qu'Henri IV voulut voir ; sur lequel se sont disputés des évêques et des érudits, tels que Saumaise et Casaubon, et qui a fini par servir d'auge dans une auberge, pour faire boire les chevaux.

CHAPITRE XI.

Coup-d'œil sur le commerce des Gaulois. — Leur industrie, relativement aux arts, était plus grande avant l'invasion des Romains; il en a été ainsi de leurs sciences. — Les Gaulois ont su travailler le fer avant les Romains. — La construction de leurs vaisseaux; leur marine a été utile aux Romains. — Leurs chars de guerre, leurs chariots, leurs formes et l'emploi : ils ont été les premiers toits des Gaulois. — Leurs chevaux les plus renommés. — Leurs souterrains pour garder des provisions. — Leurs premières maisons, faites avec des branches et de la boue; motifs pour les faire ainsi. — Les blés de moisson conservés dans les épis. — Mode pour faire le sel. — Leur luxe pour les vêtemens. — Ils avaient inventé une sorte de savon. — Leurs chaussures. — Leurs principaux outils de fabrication. — Les formes de leurs vêtemens, et marques distinctives. — La parure, le luxe des femmes, et leurs cosmétiques.

<hr />

Il serait difficile de pouvoir dire quel fut le commerce usité chez les divers peuples des Gaules ; on ne peut cependant leur refuser ce premier moyen de civilisation, puisqu'ils avaient une marine sur les deux mers, et qu'ils ont fréquenté les ports des nations étrangères et lointaines. Trop enclins sans

doute à faire, comme les Spartiates, du butin
par la voie des armes, ils ne se seront pas
plus assujettis que les Grecs à suivre les
règles ou les devoirs de la bonne foi, qui est
l'âme ou le principe vital du commerce, si
ce n'est peut-être dans les cas d'échanges
préalablement convenus. Il serait injuste,
pourtant, d'en accuser les Gaulois de barbarie ; car les peuples les plus célèbres de
l'antiquité, dans leurs mœurs et même dans
leurs lois, légitimaient tout par les armes,
par leur force corporelle, et même par l'a-
dresse ou par la ruse. Les Grecs, les Egyptiens, Hercule et Ulysse en ont donné l'exemple; Alexandre l'a suivi, et les Turcs l'ex-
ploitent encore comme un droit public.

L'ardeur pour le butin explique et justifie
déjà les excursions lointaines et les péril-
leuses entreprises des Gaulois ; elles font
nécessairement supposer des notions ou des
rapports de commerce avec les peuples qu'ils
fréquentaient; on peut dès lors affirmer rigoureusement que les premières idées du
commerce se sont révélées à eux par les
ventes qu'ils faisaient de leur butin.

La vue et l'examen des choses conquises
ou enlevées, ont dû nécessairement encore

leur suggérer des idées d'industrie, par l'i-
mitation, et ceci même n'est pas une conjecture. La preuve s'en trouve dans le luxe
même des Gaulois, et surtout dans leur
industrie ; cette preuve se fortifie par celui
que les premiers rois francs signalèrent à
l'époque de leur invasion dans les Gaules ;
c'est un aveu, du moins, qui a échappé à
quelques historiens. Quoi qu'il en soit,
comme on ne peut citer des lois d'Etat, il
faut bien s'en rapporter aux témoignages
de ceux qui ont écrit sur l'histoire des Gaules (1). Jules-César, et après lui Diodore de
Sicile, ont dit que les Espagnols entrete-
naient un commerce actif avec les Gaules
méridionales, et qu'ils se servaient de chevaux pour transporter leurs marchandises à
Marseille (2). On peut être étonné de voir

____

(1) Après la conquête des Gaules, les Romains, ou du
moins les Italiens du Nord, parcouraient les provinces des
Gaules pour y faire le commerce. Il a même été remarqué
que ces marchands étaient les premiers espions des Romains ; et que ce métier, joint à leur négoce, était une
cause de fortune soutenue et croissante.

(2) *Equis, mercatores ad Massiliensem deferunt.* (Diod.
de S., l. 5.)

ici le cheval, et surtout le cheval espagnol employé à transporter avec le bât des marchandises, quand les ânes et les mulets étaient si communs dans la péninsule. Ce fait, au surplus, est une preuve nouvelle que l'homme assortit et domine à son empire ou à ses caprices tous les animaux qu'il peut atteindre et dompter. A Rome, pendant un long temps, on ne s'est servi que de l'âne pour le transport des marchandises ou des autres denrées ; les mulets, et surtout les mules, n'y étaient employés en général qu'au service des légions en campagne ; mais on ne voit nulle part qu'ils se soient servis du cheval pour le transport des choses du commerce. Il faut voir la cause de cette différence dans le point de fait, qu'on élevait des chevaux dans le midi des Gaules, et que les Romains y faisaient acheter les plus beaux pour leur cavalerie. Il est remarquable, au surplus, que, dans la suite des siècles, le commerce des vins du Midi se soit fait jusqu'au milieu du dix-huitième, par des chevaux, qui en transportaient dans des outres jusqu'au centre de la France, et presque jusqu'à la Loire.

Les faits et les témoignages sur tous les

points de l'industrie des Gaulois sont tellement disséminés dans l'histoire générale,
qu'il serait en quelque sorte impossible d'en
donner une description positive, même pour
les choses essentielles et usuelles. Comment,
par exemple, établir les détails de l'agriculture, quand il est de fait que tout chef gaulois n'honorait que le métier des armes, et
méprisait souverainement le travail à la terre?
Ce sentiment, d'ailleurs, n'était point particulier aux Gaulois, car il fut celui des Spartiates, qui en outre mettaient en honneur le
larcin par les armes (1).

Les Espagnols pensaient ainsi. C'était, en
un mot, le ton de l'opinion du temps, de
ne pas travailler à la terre, pour jouir des
choses qu'on pouvait se procurer par les
armes. Les Germains, en tous points sem-
blables aux Gaulois, honoraient également
tout ce qui se faisait par ce moyen (2).

---

(1) *Nil putabant pulchrius esse latrocinio.* (Pomp. Mela.)

(2) *Apud Germanos nullam habent infamiam latrocinia.* (Pomp. M.)

Prædari mallebant quam colere tellurem. (Strab.)

A barbaris... prædam omnem... efferebant ad gloriam.
(Vop., *in Prob.*)

'Cependant, on voit que les Gaulois, nonobstant une opinion si forte dans leurs
mœurs, exerçaient ou faisaient exercer l'a-
griculture, comme on vient de le voir dans
les chapitres précédens. On en trouve la
preuve dans les enlèvemens de grains faits
par les Romains, pendant la guerre qu'ils
firent contre Vercingentorix; on la retrouve
encore dans les secours en grains que les
Volsques, les Boïens et les Allobroges donnèrent à Annibal, lors de son passage par les
Alpes. Les Gaulois avaient donc une industrie exercée, soit pour l'agriculture, soit
pour les autres choses utiles à la vie. De
telles inductions de fait doivent équivaloir à
une certitude historique, dans des contrées
surtout où la tradition seule existait pour
transmettre la science et les évènemens, et
c'est dans ce sens qu'on doit considérer l'industrie agricole des Gaulois.

On ne peut nier que, sous d'autres rapports, les Gaulois n'aient exercé l'industrie,
et cultivé certaines sciences. Un tel état de
choses devait nécessairement résulter de leur

---

*Quia imò... pigrum et iners videtur... labore... quam
sanguine.* (Tac.)

caractère, de leur éducation, et surtout de leur génie d'observation. Il y a, du reste, des témoignages unanimes de la part des savans les plus célèbres et les plus estimés, que les Gaulois, sous les auspices des druides, ont cultivé les hautes sciences, et que les Romains, dans leurs conquêtes, les ont fait successivement effacer. Jaloux même du génie des Gaulois, ils se sont attachés, sous tous les empereurs (Jules-César excepté), à les humilier, à les vexer, et à leur interdire toute instruction. Offrons sur ce sujet une triste réflexion, dont le midi de l'Europe offre encore aujourd'hui la fatale ou honteuse application ; c'est que toute nation qui perd son indépendance et sa liberté personnelle, retombe précipitamment dans l'ignorance. Le joug des Romains s'était appesanti sur toutes les Gaules ; ils y avaient tellement organisé l'esclavage, qu'il fut promptement impossible aux Gaulois de se livrer à des exercices d'esprit, ou à des inventions qui décélaient du génie. Ce qui leur est arrivé se réalisera de même chez les Gallo-Romains, sous l'ère des Francs, et dans les premiers siècles chrétiens ; car il est de fait aussi qu'il y a eu infiniment plus d'industrie et d'art sous

les Childéric et les Brunehaut, que sous les
Carlovingiens, et qu'il y en a eu moins encore sous les Capétiens, trop livrés les uns
et les autres à l'empire d'un clergé dominateur, pour lequel, dans ces temps, l'ignorance et la servitude étaient les plus sûres
garanties de sa domination. C'est en se re-
portant à de telles époques, que nos historiens ou académiciens modernes ont nié positivement qu'il y ait eu chez les Gaulois des
monumens, que les druides aient été de
savans astronomes et géomètres, et que dans
les cités, il y ait eu des hommes habiles dans
les arts et l'industrie.

L'excès d'ignorance et de barbarie des
Gaulois et des Gallo-Romains, qu'on signale
aujourd'hui dans les écoles et dans les cours
littéraires, comme des barbares sauvages, ne
peut être, ni une preuve, ni un prétexte pour
leur refuser des lumières antérieures à leur
subjection. Quels peuples ont été plus célèbres dans les sciences, les lettres et les
arts, que les Egyptiens, les Phéniciens et les
Grecs? Nous le savons, nous en avons des
preuves authentiques ; mais demandons au
voyageur philosophe qui vient de parcourir
le littoral de Tyr et de Sidon, les territoires

d'Athènes et de Corinthe, les bords de la mer Rouge, les ruines de Memphis, etc., s'il a reconnu dans les peuples qui habitent ces contrées, les anciens qui ont étonné le monde par leur génie et par tous les charmes des arts? Nous sommes donc réduits aujourd'hui, comme historiens, à rechercher dans les œuvres des auteurs anciens étrangers, des faits ou des conséquences, et même des mots isolés, pour composer une sorte d'essai historique sur l'industrie des Gaulois.

De toutes les choses qui attestent une longue antériorité de l'industrie des Gaulois sur les Grecs et les Romains, il faut mettre au premier rang le fer, ce protée des métaux, qui anime et embellit tout ce qui vit et respire, et que la nature partout a répandu avec profusion. L'homme aurait dû en faire son bonheur, mais il ne l'a employé d'abord qu'à faire des instrumens de guerre; car c'est plutôt à cette cause-là même, qu'à son utilité pour l'agriculture et les arts, qu'il faut attribuer tant de découvertes et de perfectionnemens, dont le fer est la base.

Sous le rapport de l'invention, les Gaulois priment les Grecs, et surtout les Romains; ils connaissaient l'art de le faire et de le malléer, quand ces derniers ne faisaient leurs armes qu'avec l'airain (1). On sait que parmi les choses d'un grand prix offertes par Achille aux jeux célébrés en l'honneur de Patrocle, il y avait une boule en fer brut. Les hommes les plus prévenus contre les Gaulois ne peuvent leur refuser la gloire d'avoir, à l'aide du fer, conquis l'Italie, la Grèce, et une partie de l'Asie. Si on ne peut citer des autorités qui le prouvent, il faut du moins s'en rapporter au témoignage de Jules-César. Il dit qu'au fameux combat naval livré à l'embouchure de la Loire, les Gaulois avaient des chaînes de fer qui leur servaient de câbles, et que leurs ancres étaient de même métal (2). Il dit ailleurs qu'ils avaient de grandes forges de fer (3), et il cite celles de Dijon (4).

Pour assurer ces réalités chez les Gaulois, faisons observer que, même encore à présent, il y a dans la Bourgogne une mine

----

(1) *Arma ex ære antiqui colebant, antequum ferrum.* (Varr.)

(2) *Ferreis catenis, anchoræ, funibus.* (J. Cæs.)

(3) *Apud eos magnæ ferrariæ sunt.* (Idem.)

(4) *Fabri ferrarii Dibionenses* (Idem.)

très-riche qui se recueille presque à la surface d'un vaste plateau, non loin de Mont-
Bard et d'Aisy. Les fossiles variés qu'on y
trouve avec des empreintes ou des traits de
plusieurs animaux et végétaux inconnus à
nos climats, sont dignes d'occuper les savans qui voudraient édifier un système sur
les révolutions du globe. Il reste donc
prouvé, d'après César, que les Gaulois savaient faire et employer le fer, avant les Romains.

L'opinion est encore frappée de la fameuse et brillante expédition des Argonau-
tes; on n'oserait même la nier, malgré les
circonstances fabuleuses dont on cherche à
l'entourer.

On rapporte que des Gaulois, unis aux
Ripuaires, seraient partis du Rhin, entrés
dans l'Océan, de là dans la Méditerranée,
et qu'ils seraient revenus à leur point de départ avec un riche butin. Plusieurs auteurs
ont rapporté ce trait d'audace et de génie
dans la navigation; mais il n'a trouvé que
des sceptiques. Les Francs Ripuaires, en
d'autres temps, en donneront pourtant la
répétition.

Mais quel érudit, même systématique,

voudrait affirmer de tels actes de navigation de la part des Gaulois du Rhin, qui,
à la même époque, occupaient avec leurs
flottes l'Archipel et les côtes de l'Asie mineure? Il faut donc se borner, comme pour
le fer, à ne parler de leur navigation qu'avec
des témoignages irrécusables. César donne
une juste et impartiale description de leurs
vaisseaux, de leurs formes et de leur soli-
dité (1). Leurs voiles étaient faites avec des
peaux cousues ensemble (2). Strabon dit le
même fait.

Les vaisseaux gaulois étaient variés dans
leurs formes, en raison de leurs destinations. Ils étaient en général très-hauts de
poupe et de proue, tandis que ceux des Romains étaient très-bas. Dans le combat qui
eut lieu à l'embouchure de la Loire, César
fut obligé, pour faciliter l'abordage, d'armer
des vaisseaux de longues perches garnies de
faux, afin de couper les cordages et les voiles

---

(1) *Carinæ aliquantò planiores, quam nostrarum; proræ
admodùm erectæ; atque item puppes, ad magnitudinem
fluctuum tempestatumque accommodatæ.* (J. Cæs.)

(2) *Pelles, pro velis... allutæ que tenuiter confectæ...
propter lini inopiam... nam velis pelliceis utebantur.* (Id.)

des vaisseaux gaulois, ce qui hâta la victoire remportée par les Romains.

On ne hasarde donc rien, en réduisant les vaisseaux gaulois à trois classes.

Le chêne (1) était le seul bois avec lequel on construisait les vaisseaux, qu'on calfeutrait avec des roseaux. C'est encore César qui nous apprend que les Gaulois avaient des flottes ; il est glorieux pour eux et honteux pour les antagonistes de nos ancêtres, d'entendre Jules-César avouer qu'il se servit avec succès des vaisseaux gaulois et rhodiens. On ne peut faire, il me semble, un plus bel éloge des vaisseaux des Gaulois, que de les mettre sur la même ligne que les vaisseaux des Rhodiens (2), qui furent de célèbres navigateurs. Une telle navigation, je le demande, n'est-elle pas, seule, une preuve de sciences et d'arts cultivés et d'une haute civilisation ?

Les chars et les chariots tiennent un rang éminent dans l'industrie des Gaulois. Les constructions et les emplois prouvent encore un long exercice acquis dans la mécanique et

---

(1) *Naves totæ ex robore factæ.* (J. Cæs.)

(2) *Ex classe Rhodiorum, Gallorumque… arma.* (Idem.)

(327)

l'équitation. Si Jules-César lui-même n'a pas
exagéré la description qu'il fait des évolutions des Gaulois sur leurs chars de guerre,
il est difficile de s'en faire une plus grande
idée. Le lecteur va lui même en juger.

Il y avait deux sortes de chars; les uns
servaient aux familles, aux transports du
butin, et de refuge ou d'abri pendant les nuits
et les mauvais temps : il y en avait à deux et
à quatre roues ; les autres à la guerre. Ceux
à deux roues étaient désignés par le mot *bi-
rotas;* ceux à quatre roues par celui de *petorrita.* Les chariots en général étaient nommés
benn. N'est-il pas remarquable que, dans le
centre de la France, on nomme de tels chars,
pour le transport des charbons, des *bannes*
ou *banneaux?*

Les Gaulois, dans leurs marches, se faisaient suivre par leurs troupeaux, et par
un grand nombre de chariots (1). Ils fabri-
quaient eux-mêmes leurs chars. Leurs premières médailles ont offert d'une part une
scie, et de l'autre un char. Les auteurs latins
ont adopté les significations celtiques, pour

---

(1) *Magna multitudo carrorum etiam expeditos sequi
Gallos.* (Cæs., 1. 8.)

exprimer des chars à deux et à quatre roues. Le mot *petorritum* veut dire *quatre roues*. Ausone, écrivant à son ami Ascius-Paulus, disait :

Invenies præstò subjuncta petorrita mulis...
Cornipedes raptant imposta petorrita mulæ.

Aulugèle se sert de la même expression en parlant des chars des Gaulois.

Les chars de guerre des Gaulois ont été trop fameux pour n'en pas rappeler ici l'armement, les manœuvres et les effets; ils étonneront du moins ceux qui ont fait attention aux évolutions des chars des Grecs dans leurs combats ou leurs lices; et je suis heureux de n'avoir qu'à traduire Jules-César :

Les chars gaulois avaient une aire plus grande que celle des chars grecs; l'avant-train était précédé d'un timon, auquel les chevaux étaient attelés par un joug qui leur portait sur le col. Le grand objet de ces chars était de rompre les corps d'infanterie. L'élan rapide et fougueux des chevaux, leur hennissement, le bruit aigu des roues, les cris des conducteurs et des archers qui les

montaient, les glaives flamboyans qui dé-
bordaient ces chars, épouvantaient et rom-
paient les phalanges surprises en plaines (1).

Ecoutons César. « Les Gaulois étaient si
exercés et si habiles à monter ces chars et à
les faire manœuvrer, qu'ils pouvaient à la fois
enfoncer les corps, et les accabler de traits ;
dès qu'un corps était enfoncé, les archers
s'élançaient de leurs chars pour combattre
les hommes de pied. Avec la même pres-
tesse, ils pouvaient y remonter, et continuer
leurs manœuvres ; leurs chevaux étaient si
bien dressés, qu'ils pouvaient les pousser sur
des terrains en pente, les modérer dans leur
élan, ou les y arrêter tout à coup ; leur timon
était disposé de manière qu'ils pouvaient le
parcourir, et se tenir au besoin sur les jougs
de leur attelage (2). »

(J'ai fait une étude particulière des chars

---

(1) *Essedis... ingenti sonitu equorum, rotarumque Ro-*
manorum conterit equos, sternit indè ruentes. (Tit.-Liv.)

(2) *Ex essedis... per equitant ac tela projiciunt, atque*
ipso terrore equorum et strepitu rotarum ordines pertur-
bant... ex essedis... desiliunt... et pedites prœliantur.....
aurigœ, tantum usu et exercitatione, ut, in declivi ac
precipiti loco incitatos equos, sustinere, moderari, ac

des Grecs, et je n'ai point vu de manœuvres plus étonnantes et plus habiles, que celles des Gaulois, décrites par Jules-César.)

Justin croyait les Gaulois inventeurs de ces chars, car il les désigne toujours ainsi : Les chars des *barbares*, épithète alors commune aux nations étrangères. Alexandre a perdu de réputation les anciens chars de guerre, quand, au lieu de résister, il a ordonné d'ouvrir les rangs.

Les Romains ont dédaigné les manœuvres d'Alexandre, car ils ont long-temps résisté aux attaques de ces chars.

Les Anglais, selon Diodore, seraient les derniers peuples de l'Europe qui en auraient fait usage. Les Romains, néanmoins, ont fini par se faire une autre tactique, d'après laquelle les chars étaient inutiles; partout où ils s'arrêtaient, ils élevaient des redoutes ou des retranchemens ; ils en sont venus à combiner l'action simultanée de l'infanterie et de la cavalerie, et souvent à faire combattre à pied la cavalerie même.

Les Gaulois, comme les Parthes et les

---

flectere et per temonem percurrere, et in jugo insistere et se in curru citissimè recipere. (Cæs.)

Perses, avaient si bien su dompter et apprivoiser leurs chevaux, qu'ils les avaient accoutumés à s'arrêter au lieu où ils les plaçaient, et à venir auprès d'eux à certain
signal (1).

César, au surplus, regardait les Gaulois
comme d'habiles et redoutables cavaliers ; il
en cite un superbe trait, que les Grecs et
les Romains auraient célébré. « Dans un
siége, dit-il, trente cavaliers gaulois arrêtèrent deux mille cavaliers maures, réputés
forts cavaliers (2). »

Les chevaux les plus renommés dans les
Gaules étaient ceux des Eduens. Observons
en passant que M. de Vauban estimait beaucoup ceux de cette même contrée.

Les Gaulois n'avaient point de harnais d'é-
quipement pour le cheval ; ils méprisaient
ceux qui s'en servaient (3).

On a souvent allégué que les Gaulois

---

(1) *Sœpè ex equis desiliunt..... equosque eodem remanere vestigio assuefaciunt, ad quos se cèlèriter recipiunt.*
(Cæs., l. 4.)

(2) *Equites triginta Galli, maurorum equitum duo mille
loco pellerunt refugaruntque in oppidum.* (Hirt., in Cæs.,
de Bello Affric.)

(3) *Turpiùs, inertiùs habetur, quam ephippiù uti.*

étaient des sauvages barbares, parce que, disait-on, ils vivaient dans l'épaisseur des forêts, et qu'à l'instar des ours, ils s'y creusaient des abris, que nos écrivains ont nommé des *tanières* (1). Il est bien difficile aujourd'hui, où il y a tant de luxe et d'aisance, de juger les hommes des premiers siècles, et de pouvoir en apprécier les forces virtuelles ; les soldats de la grande armée, par leurs bivouacs dans les Etats du nord, pourraient moins en douter. Il est de fait que les Gaulois, pendant les hivers, se retiraient dans les parties méridionales des forêts, et que par ce moyen ils évitaient l'âpreté des traits des aquilons (2); car toute la science des sauvages et l'instinct des animaux se réduisent à rechercher des abris. Polybe (3), vers lequel encore il faut se retourner, a dit que les Gaulois erraient dans leurs contrées respectives; qu'ils n'avaient aucun

---

(1) *Densas habent sylvas quarum ligna coagmentantes, quædam quasi tabernacula ædificant.* (Herod., l. 7.)

(2) *In sylvas dilabebantur morini, Aquitani, in speluncas se recipiebant.* (Flor, l. 3.)

(3) *Sinè muris, errantes, vicatim, suppellectilis usum non norunt.* (Polyb., l. 23.)

édifice fait avec des murs, et qu'ils se réu-
nissaient par familles et par tribus.

Mais si les Gaulois n'avaient pas des édifices en pierres, ils savaient habilement profiter des fortifications de la nature, c'est-à-
dire des rivières et des monts. Il suffit de
citer Lyon, Autun, Lutèce, Gien, dit *Genabum*, etc.

On argumente vivement contre la sociabilité des Gaulois, sur ce qu'ils n'avaient pas
de toits ou de maisons; mais on a vu déjà
qu'ils regardaient des temples formés de murailles, comme une sorte d'outrage à la Divinité. Il n'est donc pas étonnant qu'avec
cette idée sur le Dieu du monde, ils aient
aussi regardé comme une honte de s'enfermer sous des toits. Dans leurs marches,
dans leurs haltes, ils s'entouraient de leurs
chariots, où ils passaient les nuits avec leur
famille. Cependant, lorsqu'ils devaient sé-
journer dans un lieu, ils y formaient des
toits avec des branches d'arbres et de la
boue, afin de pouvoir les détruire plus facilement, dans le cas d'une guerre ou d'une
irruption.

Les Gaulois du nord, en général, tels que
les Morins (les Belges), se retiraient l'hiver

dans les forêts, et les Aquitains dans des cavernes. ,

Dans toutes les Gaules, on s'était adonné à faire des souterrains, dans lesquels ils déposaient leurs vivres et leurs butins ; ce mode était commun aux *Comati* comme aux *Braccati;* ces souterrains servaient encore d'embûches ou d'embuscades. Ce fut pour n'y être pas surpris que l'empereur Julien, quand il eut atteint la forêt des Ardennes, n'osa poursuivre plus loin les Ripuaires.

La guerre, cependant, et les besoins toujours croissans, avaient déterminé les Gaulois, dans la suite des temps, à faire des maisons plus solides, dont le faîtage était couvert de gazons, de roseaux, ou de planchettes de bois ; les pans étaient faits de torchis entrelacés de branchages, ou de troncs avec des branches.

César a fait observer que les Gaulois n'y furent déterminés ni par l'excès du froid ni par celui des grandes chaleurs (1). Il rappelle même que leurs motifs politiques, dans de telles constructions et destructions, étaient de

____

(1) *Ad frigora atque æstus vitandos non œdificant.* (Cæs.)

ne pas laisser à l'ennemi des ressources ou des abris (1). César a fait observer encore qu'ils construisaient toujours au bord des eaux et des bois (2). La forme la plus commune était ronde (3) ; cela explique pourquoi l'âtre était toujours au milieu ; la hauteur n'excédait jamais dix pieds (4).

Ce ne fut que sous le règne d'Auguste que les Gaulois commencèrent à construire des toits à double pente ; la couverture en était plus solide. On voyait de pareils toits en Aquitaine et en Espagne (5). Tacite dit que,

------

(1) *Nam etiam illud vulgare incursionis, signum hostium ædificiorum incendiis, intelligi.* (Idem, l. 8.)

(2) *Domicia Gallorum... sylvarum et fluminum petunt propinquitates.* (Idem, l. 4 et 6.)

(3) *Domos rotundas...* (Strab.)

(4) *Galli domos ex asseribus habent.* (Idem, l. 4.)
Fastigium habens in pedes denos. (Strab.)

(5) *Fastigia, proclinata tectis... stillicidia deducebant, ad hanc diem scandulis robustis aut stramentis ædificia constituuntur, in Galliá, Hispaniá, Aquitaniá.* (Vitruv., l. 1.)

Ces destructions, disait Vercingentorix, vous paraissent cruelles ; mais il serait bien plus cruel de vous voir, et vos enfans, en servitude.

Acerba..... acerbiora liberos ac conjuges in servitutem. (Cæs.)

de son temps, ils ne connaissaient pas l'usage des tuiles ni le mortier de chaux (1). La maison d'habitation était toujours au milieu du terrain qu'ils avaient entouré, et dans lequel sans doute ils cultivaient des légumes, et tenaient leurs bestiaux (2).

Combien cette disposition a été méconnue dans la suite, par les Francs et par les Français ! car tous, à l'envi, ont pressé leurs maisons les unes contre les autres, et même dans les vallées ; il en est résulté des causes actives d'insalubrité ; mais dans ce siècle encore, les maisons des hameaux, dans le midi surtout, n'offrent à l'aspect, et en effective, que des huttes ou des grottes.

En faisant connaître ici quelle était l'industrie agricole des Gaulois au temps de César, on ne peut en séparer celle qui concernait leurs dépôts d'approvisionnemens ; on a déjà vu que, dans les siècles antérieurs, les Gaulois du nord et du midi se retiraient dans des cavernes ou des souterrains, dans lesquels ils cachaient leurs provisions, et qu'ils nommaient *siris ;* mais il paraît constant

---

(1) *Nec cœmentorum aut tegularum usus.* (Tac.)

(2) *Suam quisquo domum spatio circumdat.* (Idem.)

qu'à l'époque où César fit la conquête des Gaules, il y avait néanmoins des édifices pour conserver les moissons pendant l'hiver, et que déjà même on avait adopté l'usage de faucher les prairies : c'est la guerre encore qui a causé cette innovation. Quoi qu'il en soit, César rapporte que Vercingentorix avait ordonné de détruire toutes les *prairies*, afin que les Romains ne pussent pas trouver de fourrages à couper (1).

Varron, Diodore de Sicile, Columelle, n'hésitent point à affirmer que, long-temps après Auguste, les Gaulois étaient dans l'usage de cacher et de déposer leurs provisions dans des souterrains, et qu'ils étaient communs dans la Provence et le Languedoc.

Les Gaulois, si barbares, avaient pour les blés un mode de conservation bien plus certain et mieux raisonné que tous ceux qui ont été imaginés par nos savans, pour préserver les grains des insectes et des avaries, tels que les étuves de Duhamel et des économistes; il consistait à faire des entrepôts d'épis de blé. Ce mode était excellent, surtout pour

---

(1) *Pabulum secari non posse.* (Cæs., l. 7.)

les épis du seigle, qui était le plus généralement cultivé (1). Les Gaulois, d'ailleurs, ne faisaient pas consommer la paille en fourrages. Les meules de gerbes, dans les pays de grande culture, se rapportent, pour le fond, à l'usage des Gaulois.

Faisons observer, comme preuve et comme exemple, que, dans les temps de la terreur et du fatal *maximum*, on n'a pu conserver aucun dépôt de grains à nu dans les rochers, dans des coffres, ni dans les cheminées fermées, parce que les blés, et le froment surtout (à raison de sa substance, qui participe de celle animale), sont essentiellement fermentescibles. Rappelons maintenant à l'attention du lecteur le mode des Gaulois par les épis et les aires de gerbes; opposons-les aux battoirs mécaniques pour faire profiter immédiatement de ses grains de moisson; rappelons les fosses souterraines ordonnées par la ville de Paris dans le faubourg du Roule; les circulaires du ministre de l'intérieur (M. Decazes), écrites sous la dictée de M. de Lasteyrie; rappelons les silos annuels et toujours merveilleux de Saint-Ouen, où, à

---

(1) *Spicas in horreis subterraneis reponunt.* (Diod. de S.)

la face de l'Académie des sciences, on proclame, depuis cinq ans, le problême résolu de la conservation des grains mis dans la terre ; de même qu'à la face du gouvernement, s'il y en a un, du moins, pour administrer, on proclame la conquête de la chèvre du Thibet (1), et les immenses trésors qu'elle vaut à l'industrie de la France. Nous traiterons de chacune de ces choses aux époques relatives.

Revenons aux Gaulois, avec lesquels il y a plus de satisfaction, parce qu'ils offrent plus d'intérêt par leur début, en ce qu'ils n'ont fait qu'apercevoir les premiers rayons de la science et les bienfaits des méthodes, tandis que l'intérêt, les intrigues et l'ignorance égarent les ministres, et trompent le public par des rapports faux et mensongers.

____

(1) Il a été démontré par M. Olivier, directeur, pour le gouvernement, de la ferme royale à Perpignan, que les chèvres dites *de Cachemire* étaient à charge au gouvernement. On les offre pour rien à Perpignan ; et on les *vend fort cher à Saint-Ouen :* cette spéculation ne peut durer long-temps.

Voyez tout ce qui a été dit et fait par les hommes de la science et du gouvernement, sur la misérable vinification de la demoiselle Gervais de Montpellier.

Les Gaulois, au surplus, n'avaient pas besoin de faire de grands amas de grains, car ils en consommaient fort peu ; les frumentacées, à bien dire, n'étaient qu'un véhicule dans leur régime, surtout pour la viande. Ils préparaient leurs blés au pilon, ou par la torréfaction, afin d'en faire des pâtes qu'ils faisaient cuire sur l'âtre des foyers. Le seigle, d'ailleurs, a été le premier grain que les Gaulois aient mis en pâte ; l'orge servait principalement à faire leurs boissons.

Il importe trop, pour l'histoire même de la science, de faire connaître comment les Gaulois faisaient leur sel, sans lequel l'homme ne saurait exister, ou du moins prospérer. Leur procédé pour le faire, ou plutôt pour le suppléer, est digne d'intérêt, en ce qu'il fait connaître les divers tâtonnemens de l'homme pour trouver les choses dont il a besoin. Ces premiers rudimens, quels qu'ils soient, sont du ressort de l'histoire.

Pour obtenir une substance saline, les Gaulois faisaient de grands amas de bois, auxquels ils mettaient le feu ; ils le dirigeaient de manière que les bois fussent mis en état de braises ; ils jetaient de l'eau saumâtre sur ces brasiers, qui, éteints et imprégnés de cette eau, leur servaient de sel. Ce n'était pas le charbon qui salait, mais bien la cendre chargée de parties salines, dans lesquelles se trouve, après la combustion, plus ou moins de sel lixiviel ou alkalin. Ce procédé, sans doute, est digne de l'enfance de l'art; mais ne nous hâtons pas de le condamner. En 1813, l'armée française manqua de sel en Saxe, même auprès de Dresde; elle eut beaucoup à souffrir de cette privation; on n'eut pas même l'idée, au milieu des bois, de recourir au procédé des Gaulois. Le manque de sel, a-t-on dit, fut cependant une des causes qui y fit éclater tant de maladies.

De nos jours, la physique a prouvé que le bois ne comportait pas de sel proprement dit. Pline lui-même a confondu le nitre ou le salpêtre avec la soude. Voici, du reste, ce qu'en ont dit les écrivains célèbres du temps.

Varron, écrivain élégant et bon observateur, et qui en outre avait été général d'armée, cite le mode des Gaulois pour faire le sel (1). Pline ajoute au même fait la désignation des meilleures espèces de bois pour en

―――――――――――――――――――――

(1) *Cum exercitum ducerem, regiones accessi ubi salem, nec fossicium, nec maritimum haberent, sed ex quibus-.*

obtenir. Tacite explique le mode en historien ; il y fait intervenir les élémens (1). Agricola, qui a si bien observé les Gaules, a dit que, de son temps, les Gaulois avaient renoncé aux combustions salines, et que le sel marin commençait à parvenir dans l'intérieur des Gaules.

Le luxe industriel pour les ornemens personnels, date du premier âge de l'homme. Les sauvages, partout, en effet, ont porté des marques distinctives d'honneur et de bravoure ; les Gaulois mêmes, plus qu'aucun autre peuple de la terre, ont affecté des signes pour les dignités et pour les grandeurs ; avec de tels sentimens, on s'étonne moins qu'ils aient fait de rapides progrès dans les arts qui se rapportaient au luxe des grands.

Les tissus d'étoffes remontent pour eux à

---

dam lignis combustis, carbonibus salsis, pro eo uterentur. (Varr., l. 1, c. 7.)

Gallia, ardentibus lignis aquam salsam infundunt..... quercus optima; alibi corylus laudatur; carbo etiam in salem vertitur... ligno, sel niger est. (Plin., l. 23.)

(1) *Salem provenire super ardentem arborum stragem, ex contrariis inter se elementis, igne atque aqua concretum.* (Tac., *Ann.*, l. 13.)

la plus haute antiquité. Les auteurs les plus anciens parlent du voile de lin sur lequel on exposait le gui sacré. Les Gaulois, qui se prétendaient descendre des Titans, portaient, comme les Spartiates, des bandes d'étoffe teinte en pourpre, parce que cette couleur avait été celle même des Titans. Les historiens étrangers rendent unanimement témoignage de ces préférences et de leurs causes ; les prêtres et les guerriers, selon les rangs, se distinguaient par les étoffes de cette couleur, ou par un nombre de bandes déterminées pour chaque titre.

La couleur pourpre est sans contredit la première que l'homme ait consacrée aux honneurs, et dont il ait teint les premiers tissus. Le fait seul que les Gaulois se distinguaient par cette couleur, prouve déjà que l'art de tisser du fil de laine ou de lin, remonte, à leur égard, aux siècles les plus reculés.

Pline a généralisé, pour les Gaulois, l'art de tisser (1). Tite-Live a fait observer que les Allobroges avaient donné des étoffes à

---

(1) *Universæ Galliæ texunt.* (Plin.)

Qui honores gerunt, vestes tinctas atque auro variegatas, usurpant. (Strab.)

l'armée d'Annibal, quand il passa les Alpes. Strabon, toujours historien, confirme tous ces faits sur l'industrie des Gaulois.

Les femmes des nobles Gaulois participaient également aux honneurs que déterminaient les couleurs; les étoffes, cependant, que les femmes portaient, n'étaient pas, dans leur entière contexture, couleur pourpre; elles étaient seulement traversées par des fils de cette couleur (1).

Les Gaulois avaient su trouver leurs principales couleurs dans le règne végétal; ce fait, bien apprécié, devrait seul détruire les injustes préventions qu'on affecte contre les Gaulois. En ne signalant ici ce genre d'industrie qu'au temps de César, il faut nécessairement en conclure une longue antériorité de science acquise, car la marche des lumières, pour les arts, comme pour les sciences, est toujours lente ou fautive; et dans le luxe dont il s'agit, l'invention n'est pas simple, mais composée.

Après avoir dit que les Gaulois portaient ordinairement des habits de couleurs variées, César cite les insulaires bretons, qui, pour

-----

(1) *Purpurâ variant.* (Tac.)

se rendre plus horribles dans les combats,
se teignaient le visage en bleu avec du pastel :
voilà donc un peuple vraiment sauvage (1).

Pline a dit aussi que les Gaulois savaient
teindre leurs étoffes en plusieurs couleurs ;
il y a un siècle à peine, qu'il eût été possible
de connaître ces modes, et de découvrir les
plantes qui servaient à ce genre de luxe. Il y
avait encore un nombre considérable de vallées où, à l'aide de certains végétaux, on
teignait les étoffes d'une seule et même couleur. La chimie et le commerce ayant partout pénétré, l'antique simplicité a cédé peu
à peu aux brillantes couleurs, au goût, et à
des prix fort inférieurs.

Les Gaulois attachaient beaucoup de prix
aux couleurs éclatantes (2). Il paraît même
que des couleurs spéciales, et des formes
variées dans les vêtemens, faisaient distinguer les grandes nations gauloises. Les Aquitains avaient adopté le rouge, les Celtes le

______

(1) *Galli tunicas coloribus interstinctas... Britanni omnes se glasto inficiunt, quod cœruleum inficit colorem atque hoc horridiore in pugnâ aspectu.* (Cæs., l. 4.)

(2) *Gallia herbis, tyrium, omnesque alios colores tingit.*
(Plin.)

(346)

bleu, et les Ripuaires des bandes assorties,
en blanc, bleu et rouge, ce qui ressemble
beaucoup aux trois couleurs de la révolution.

Pline attribue aux Gaulois l'invention du
savon (1), ce qui suppose encore une grande
antériorité pour les tissus (2).

Quant aux chaussures, les Gaulois, selon
César, n'avaient que des semelles de bois,
retenues par des lanières de cuir, autour du
pied et de la cheville. Il est même probable
qu'ils ne s'en servaient que dans les voyages
ou les marches : car, avant de s'abandonner
au régime domestique, ils allaient pieds nus
comme les Spartiates (*puri Spartani discal-
ceati*. Callimaq.), et la poitrine découverte.

---

(1) Pline, toujours plus pressé de dire que d'expliquer,
suppose ici une invention qu'il ne faut pas entendre par
une composition pareille à celle des savons de commerce.
Comme les Gaulois s'exerçaient presque exclusivement sur
les herbages pour trouver des ingrédiens, il serait plus
présumable de croire qu'ils avaient composé un savon avec
de l'argile bien fine et de la saponnaire, qui, en effet,
nettoie et dégraisse bien les étoffes. Pline se sera mépris
sur les rapports de ses correspondans : il a laissé bien des
imitateurs.

(2) *Sapo, Galliarum hoc inventum.* (Plin., l. 18.)

Cette dureté ou cette habitude à braver l'inclémence des saisons, appartient à la nature et au premier âge de l'homme. Dans le
dernier siècle encore, des pâtres de certaines contrées allaient constamment pieds
nus. C'est encore l'usage dans le Morvan.
Les Grecs paraissent être les inventeurs des
semelles de cuir tanné. Notre expression,
galoche, est celle même que César a donnée
aux semelles de bois, *soleæ gallicæ*.

Quoique les premiers vêtemens des Gaulois appartiennent moins à l'industrie qu'à la
nécessité, ils en font néanmoins partie. Ils
étaient incontestablement faits avec des peaux
d'animaux sauvages, garnies de leurs fourures. Tous les premiers peuples, d'ailleurs,
se sont ainsi vêtus. L'habit de peaux, dans
les siècles héroïques, était l'habit d'honneur (1). Indépendamment de ces habits,
qui donnaient aux Gaulois un air sauvage et
martial, ils disposaient encore leur chevelure de manière qu'elle restait fixée et roulée
au-dessus de la tête (2); les casques des dra

---

(1) *Solemne heroibus pelles gestare.* (Apoll. de Rhod.)
Eximius decor, est tergis horrere fe. rarum. (Prosp. Aquit.)
(2) *Tunc flava repexo, Gallia crine ferox.* (Claudian.)

gons en sont encore une imitation. Il y avait
donc alors une grande émulation à tuer des
animaux féroces, afin de s'en parer dans les
jours solennels. Sur ce point, les Gaulois
n'ont fait que ce que faisaient les Scythes,
les Lélèges et les premiers Bretons.

N'imputons pas à barbarie les vêtemens des
Gaulois ; car, aux beaux temps de leur république, les Romains étaient habituellement nus ; on sait le mot du messager du
sénat à Cincinnatus, qui, nu, labourait son
champ (1). Les plus riches mêmes de la banlieue ne s'habillaient que lorsqu'ils venaient à
Rome. Pour l'usage d'aller nu, les Romains
justifient donc pleinement les Gaulois. Pro-
perce n'a point cherché des tours de phrases
pour en faire ressouvenir les orgueilleux
Romains :

Curia prœtexto quæ nunc nitet alta senatu
Pellitos habuit rustica corda patres.

L'usage de se vêtir de peaux se prolongera
chez les Francs, car, dans le treizième siècle, on verra des gens d'église ainsi vêtus.

____

(1) *Nudo... plenoque pulveris ore... cui... vela corpus,
inquit.* (Plin., l. 18.)

Les habits des Gaulois variaient encore selon les climats et selon la coutume des lieux où ils avaient été élevés, et même selon les caprices de l'opinion de la part des chefs puissans. Là, ils étaient ouverts par le devant, afin de montrer des figures peintes sur la poitrine ; ici, ils découvraient leurs bras également peints, et ornés de figures d'animaux divers ; ailleurs, ils étaient simples et légers ; plus loin, et surtout chez les Ripuaires, ils étaient si étroits, qu'ils laissaient remarquer toutes leurs formes (1).

Les vêtemens du vulgaire étaient sans doute avec la même et triste uniformité qui signale partout la foule que le pouvoir asservit, et que la misère accable ; pour ceux-ci, les vêtemens les plus habituels étaient faits avec des peaux d'animaux domestiques, sans autre différence que celle des jeux de la nature pour le poil ou la laine, ou celle des rapiècemens par lambeaux. Le département des Landes offre encore des restes de cette rustique vêture.

Les habits des nobles Gaulois et ceux des druides avaient en général deux parties

______

(1) *Singulos artus exprimente.* (Tac.)

distinctes ; la première couvrait immédiatement le corps et les membres ; la forme, ou
plutôt l'application, en était strictement juste ;
la seconde consistait en un manteau qui couvrait les épaules, et ne descendait que jusqu'à la chute des reins (1).

Les Gaulois aimaient beaucoup la parure ;
César en fait la remarque ; et d'autres auteurs
moins dignes que lui de les apprécier et de
les faire connaître, en ont tiré la conséquence qu'ils étaient des sauvages sans lois
et sans civilisation, parce qu'on les séduisait
avec des étoffes brillantes, ou avec des liqueurs spiritueuses.

Les femmes aussi portaient des habits de
peaux, appliqués et ajustés aux formes du
corps ; mais le manteau d'étoffe, par-dessus
la vêture de peaux, était de rigueur pour
elles ; il était attaché sur l'épaule par une
agrafe, mode que depuis, en France, on a
nommée *à la grecque* ou *à la romaine*, et que,
très-probablement, les Grecs et les Romains
nommaient *à la gauloise*. Ces manteaux, ordinairement de tissus de végétaux, étaient

---

(1) *Galli tunicas habent usquè ad pudenda et nates.*
(Diod. S.)

passés ou chamarrés en fils de couleur pourpre, couleur chère, et consacrée par le rite
et par la tradition en mémoire des Titans.

Les femmes gauloises, réputées si barbares, avaient pourtant le bon sens de disposer leurs vêtemens selon les formes de leur
corps, et selon les destinations de la nature.
Il était réservé aux femmes des pays chrétiens de comprimer leur sein, que la simple
raison et la santé commandent de laisser libre
ou à l'aise, et pour lequel la pudeur même
ne demande qu'un voile. Les femmes espa-
gnoles d'un rang élevé exigent que leurs filles
portent des corsets qui aplatissent la gorge,
afin de leur éviter, de la part des prêtres, le
reproche de mondanité : tant elles craignent
d'ailleurs elles-mêmes d'être comparées à des
femmes mercenaires, nourrices de leur métier. Ce ton de mœurs a occupé également
les dames de la France, où, il y a soixante
ans, c'était une honte d'allaiter son enfant.
Combien les chefs du sacerdoce chrétien et
les médecins ont de reproches à se faire sur
cette dégénération impie (1)!

---

(1) Cet empire reprend en France. On a vu dernièrement
un prédicateur en renom faire interdire la quête dans les

Comparons maintenant les différences de mœurs et de morale des femmes des Indes orientales, avec celles des pays où les femmes sont soumises au vouloir et à la prédication des prêtres et des moines. Dans ces pays, si riches, si beaux et si populeux, les femmes, au contraire, sont dans l'usage d'assortir à leur sein, dans leur toilette, des moules convexes, de bois léger, pour ne pas le déformer par la pression de leur vêtement. Voici comment les prêtres et les médecins devraient entendre et traiter la nature dans ses fins. Mais quel docteur a fait sentir les abus de ces modes qui tendent à donner aux femmes une taille de guêpe? Quel sermonneur privilégié a traité cette question physiologique et morale à la fois? Quel médecin, se disant philosophe, a repris le texte de J.-J. Rousseau?

Les dames romaines, assujetties aussi, dans le principe de leur civilisation, à un mode sévère pour leurs vêtemens, se trouvaient hors d'état de pouvoir nourrir leurs enfans.

églises, à des demoiselles à qui la nature avait accordé de la gorge, c'est-à-dire, un sein en état de nourrir les enfans.

Dans l'opinion des grands et des riches dé
Rome, il était du bon ton d'avoir des nourrices mercenaires. Tacite en a fait la remarque. Cependant, quand les femmes romaines
eurent pris connaissance des modes des femmes gauloises, elles voulurent aussi en es-
sayer, et se montrer en public, ne craignant
ni le blâme ni les censeurs, puisque les chevaliers romains eux-mêmes affectaient de
porter le vêtement des barbares Gaulois. Les
dames romaines ne tardèrent pas à reconnaître que, sous la mode gauloise, elles offraient elles-mêmes plus de charmes, en dé-
couvrant la gorge, l'épaule et le bras (1).

La chevelure était encore un signe dis-
tinctif des rangs ; les grands seuls pouvaient
la porter longue, et garnie d'une pommade
rouge, préparée avec des cendres de hêtre,
et de la poudre d'or, ou plutôt avec du mica,
qui en avait l'éclat et la couleur.

Il ne faut rien moins que le témoignage de
Pline et de Strabon, pour croire que les
femmes gauloises se lavaient le visage et le
corps avec de la levure de bière ou de l'u-

____

(1) *Nudœ bracchia ac lacertos, sed et proxima pars
pectoris patet.* (Tac.)

rine ; on ne peut les sauver d'un tel reproche
qu'en rendant, plus de dix siècles après les
Gaulois, ce cosmétique commun aux femmes
de la péninsule (1).

Nous avons déjà vu que les Gaulois savaient
travailler le fer et l'airain ; mais leur industrie
ne se bornait pas à la seule métallurgie, et
c'est César encore qui en rend témoignage.
Ainsi, ils savaient faire, avec beaucoup d'art,
des boucliers, en n'employant que l'osier ou
des écorces d'arbre (2). Pline leur attribue
l'invention des tamis de crin (3). Ils avaient
donc beaucoup de chevaux, et ils cultivaient
donc des grains. Ce simple aveu de Pline est
précieux pour l'histoire, car il suppose nécessairement que ces tamis servaient à séparer la fleur de farine des grains moulus ou
torréfiés, et il donne en même temps une

---

(1) *Cantabri uriná in cisternis inveteratá lavantur eá
que ipsá dentes abstergunt.* (Strab., l. 5.)

*Celtiberi dentes et universum corpus uriná quotidiè fri-
cabant.* (Cluv.)

(2) *Scutis cortice factis aut viminibus intextis.* (Cæs., de
Bell. Gall)

(3) *Criborum genera, Galli, e cetis equorum invenére.*
(Plin., l. 18.)

haute antiquité à la culture des céréales dans les Gaules.

La plus ancienne médaille gauloise portait l'empreinte d'une scie; si les Gaulois n'en sont pas les inventeurs, une telle médaille prouve du moins qu'ils avaient su en apprécier l'utilité.

Tout Rome convient que les Gaulois sont les inventeurs du *vilebrequin* (1). C'est là, au surplus, une idée mère, qui n'a pu appartenir qu'à un homme de génie. Varron et Columelle en ont fait l'éloge pour la greffe par perforation; c'est encore une de ces erreurs physiques sans cesse répétées, et dont aucun homme de pratique n'a vu des effets de succès, puisqu'on se borne à rappeler la seule perforation.

Les Gaulois ont encore pratiqué des puits pour en tirer de la marne ou de la chaux (2), afin de fertiliser la terre. Ils avaient également découvert l'ochre, dont ils faisaient un

---

(1) *Nostra ætas correxit ut Gallicâ uteretur terebrâ.*(Plin.)

(2) *Intra Rhenum agros stercorant candidâ fossiciâ.* (Varr., l. 1.)

Gallia et Britania invenére terram quam vocant margham. (Plin., l. 25.)

grand commerce. Jules-César dit qu'on en faisait venir du Berri. La meilleure de France, en effet, est à Vierzon.

· Les auteurs étrangers rendent témoignage que les Gaulois savaient travailler l'or (1), et même le réduire en fil de tissu. On a trouvé dans les champs d'Alise, un joug incrusté d'or. Ils savaient également travailler l'argent (2). Les dames romaines se paraient avec des ornemens de femmes gauloises. Une industrie ainsi généralisée, prouve assez que les Gaulois étaient parvenus à une haute civilisation. Cette conséquence est celle de la raison, appuyée par des faits, et c'est chez la nation française qu'elle est généralement repoussée et constamment niée. Voici encore une des plus grandes preuves, ou de l'ignorance de l'histoire pour les choses qui nous concernent, ou de son inutilité pour corriger les hommes et les gouvernemens. (*Voyez* les chapitres XII et XIII de mes *Considérations sur l'Histoire.*)

Tout ce que je viens de dire sur l'empire

____

(1) *Calvum auro cœlavere ; vestes auro variegatas.* (Tit.-Liv.)

(2) *Studiosè argento circumcludunt.* (Cæs.)

des Gaules, sur les climats, sur le culte; les
mœurs, le régime de vie et l'industrie de ses
peuples, doit suffire pour donner aux hommes de bonne foi et de raison éclairée, une
juste idée de l'antiquité et de la civilisation
relatives aux Gaulois. César et Tacite, dignes
juges d'un si grand peuple, et que la triste
médiocrité seule peut ne pas croire, ont déclaré que les Gaulois avaient élevé leur édifice social sur les bases mêmes de la justice
naturelle et de la liberté civile. Mais tout
échoue contre l'immensité des hommes superficiels, et des pédans clercs et laïcs ; il
suffit même aujourd'hui qu'un homme de
bien, étranger aux académies, qui ne sont
elles-mêmes que des coteries renforcées, ait
passé une partie de sa vie à étudier l'histoire
de sa patrie, dans ses origines, s'en explique
avec candeur, pour que des échos et des
ignorans le livrent à une critique ridicule;
pour que des secrétaires-généraux du ministère déplorable, osant se retrancher dans
le cercle invisible de l'économie, aient re-
fusé d'accueillir un tel ouvrage dans les bi-
bliothèques de leurs maîtres. J'en conserve
deux lettres qui seront historiques pour l'é-
poque.

Paris et la France comptent beaucoup
d'hommes instruits dans les sciences et les
lettres ; mais il est infiniment rare d'en trouver qui soient assez généreux ou courageux
pour défendre un ouvrage de vérité et d'utilité publique. Cette coupable indifférence
est plus forte à présent que dans les derniers
siècles ; il faut absolument appartenir à un
parti, pour obtenir la moindre approbation.
Cet état de choses est si fort, qu'aujourd'hui
même, le livre de *l'Esprit des lois*, ou *le
Siècle de Louis XIV*, par Voltaire, seraient
en butte à tous les décris des gens de coterie
ou de parti. On sait que le chef-d'œuvre de
Montesquieu n'a commencé à être apprécié
en France qu'après le témoignage de Ches-
terfield, qui le signala au parlement comme
une œuvre de haute philosophie.

Dans le monde, d'autre part, on aime bien
mieux croire les faiseurs de calembourgs,
que de s'enfoncer seulement pour vingt-qua-
tre heures dans la lecture d'un livre qui
pourrait désabuser ceux qui ne sont pas tout
à fait parvenus à un état d'ignorance absolue. A Paris, dans les salons, on se contente
d'un mot jeté par un académicien ou par un
romancier, et ce mot croît et s'élève en ju-

gement universel, parce que chacun jure,
atteste, sur la foi du maître, que l'ouvrage
est sans mérite, sans couleur, et qu'il n'est, en
définitive, qu'un amas indigeste qui rappelle
les Saumaise et les Casaubon. A l'Académie,
le premier soin du secrétaire perpétuel est
de se faire informer s'il n'y a rien qui offense quelque membre ou quelques hommes
du gouvernement; il lui faut une permission
pour en parler, mais il ne lui en faut pas
pour parler des langues orientales, ou des
œuvres des étrangers : ceci est une doctrine
établie. Il faut donc beaucoup de courage pour
persister dans une résolution qui n'a d'autre
mérite que celui d'être utile par l'histoire.

Je terminerai ces tristes et trop réelles
réflexions sur les Gaulois, par le témoignage
de J.-B. Le Mantouan, qui, sans doute aussi,
avait bien étudié l'histoire des Gaules. Sa
poésie, et les vers que je transcris ici, écrasent tous les quolibets des Millin et de ses
dignes confrères, en même temps qu'ils révèlent à M. Fourrier le vide de son discours
sur l'expédition d'Egypte :

> *Gallia fert acres animos et idonea bello*
> *Corpora; non illis ausit componere se*

Thracia, quæ martem genuit, non Parthia, versis
Quæ bellatur equis fugiens. . . . . . .
Quas gentes olim non contrivére per omnem
Invecti Europam; quasi grando, aquilone vel austro,
Importare gravi passim sonuere tumultu?
Scit Romanus. . . . .
Pannones, æmatii norunt; scit Delphica rupes;
Intravére Asiæ fines, propè littora ponti;
In gentem crevére novemque tenditur usquè
Ad juga pamphilüm. . . . .
Servire . . . . . *jugumque.* . .
Ferre, negant. . . . .
Pro patriâ, pro cognatis, pro regibus ire
In pugnam et gladios mortique occumbere dulce est.

CHAPITRE XII ET DERNIER.

Les grandes victoires des Romains dans les Gaules. — Insurrection
générale des Gaulois contre les Romains. — Ils sont vaincus par
César, à la bataille d'Alise. — Dénombrement des Gaulois sous
les armes. — Description comparée de la cité d'Alise. — Son antiquité. — César se montre généreux envers les Gaulois, qui à
leur tour s'attachent à lui. — Les grands travaux de César dans
les Gaules. — Il y tient les Etats de la nation. — Il meurt as-
sassiné aux pieds de la statue de Pompée; sa mort est un deuil
pour toute la terre.

APRÈS avoir long-temps dominé l'Europe
et une partie de l'Asie, les Gaulois vont céder
tous leurs théâtres de gloire, et jusqu'à leur
propre patrie, à un peuple étranger, qu'ils
ont souvent vaincu, et qui, sans être aussi
brave ni aussi généreux, deviendra à son
tour le maître du monde.

Nulle autre grande nation vaincue ou
subjuguée n'offre un pareil exemple; car
la religion, les lois, les mœurs et la liberté,
vont s'effacer sous les pas des vainqueurs.

L'empire romain, à son tour, se dissoudra
jusque dans ses fondemens ; mais, telles seront les différences des destinées des Gaulois et des Romains, que les premiers seront
entièrement absorbés, même dans l'histoire,
et que leurs noms mêmes seront avilis et
méprisés ; leurs beaux faits d'armes, leurs
conquêtes seront méconnus ou contestés par
les historiens et par les écrivains de la France ;
le nom gaulois, en un mot, dans le dix-neu-
vieme siècle, sera presque une injure ; tandis
que les Romains, qui ont si bien mérité leur
sort par toutes leurs exterminations, par
leur despotisme, par leur orgueil, par un
cours non interrompu de perfidies, et par
tous leurs débordemens, s'éleveront de siècle en siècle, en gloire et en célébrité ; tel
sera le renom de leur puissance et de leurs
grandes vertus, qu'ils survivront, alors même
qu'ils ne seront plus ; tant il vrai que Pindare
avait raison, quand il disait, que la gloire des
rois et des empires dépendait de la lyre des
poëtes.

Il existe sans doute au-dessus de notre
sphère une puissance qui change, après de
longues périodes, les œuvres de la création,
et bien plus souvent encore celles des hom-

mes. Les révolutions de la nature se font avec la lenteur des siècles; celles des hommes ne sont, en général, que des impulsions anticipées, que des audacieux, impies ou conquérans impriment à la faux du temps. Les Gaulois ont eux-mêmes précipité leur asservissement aux Romains, et les Romains, trop fiers de leur gloire, se sont crus dès lors les maîtres du monde. Leur gloire bientôt s'est évanouie, comme ces brouillards que des éruptions volcaniques étendent sur des régions qui leur sont immédiates. Mais si on ne peut dire aujourd'hui avec des certitudes historiques ce que sont devenus les Gaulois, qui pourrait dire aussi ce que sont devenus les Romains ? La grande armée, du moins, a rappelé naguère la bravoure des Gaulois; mais sur quel point a-t-on retrouvé les Romains ? Pour se convaincre, il suffirait d'aller à Rome.

Les conquêtes et les excursions chez les peuples lointains, avaient jeté parmi les nations gauloises les germes trop actifs d'un luxe contraire à leurs habitudes et à leurs mœurs. La soif de l'or encore portait partout les chefs et les peuples à s'en procurer par les combats; les diverses nations, égarées par leurs rois, se faisaient la guerre entre elles ; les Ubiens, les Eduens ont perdu les Gaules en allant demander des secours aux Romains, contre les Helvétiens et les Suèves (1).

C'est dans un tel état de choses que César, qui était bien informé des rivalités des principales nations gauloises entre elles, en médita la conquête. Il commença par battre et chasser les Suèves au-delà du Rhin ; et pour prévenir le retour des barbares du nord, il établit une forte colonie d'Ubiens sur la rive gauche du fleuve. Les Helvétiens furent taillés en pièces par les légions romaines ; il ne restait plus qu'Arioviste ; César crut plus sage de négocier la paix avec lui ; on cite encore le tertre où ils tinrent à cheval leur conférence.

Cependant, César restait au milieu des Eduens, qu'il flattait par des titres d'honneur. C'est à cette époque qu'Autun fut déclarée sœur de Rome, et que des Eduens furent admis au sénat romain (2).

------

(1) *Ut sibi auxilium ferret, quod graviter ab Suevis premerentur.* (Cæs.)

(2) *Æduos, fratres consanguineosque.* (J. Cæs.)

Pendant que César occupait ainsi le centre des Gaules, ses lieutenans triomphaient des Nerviens ; Crassus venait de soumettre les Aquitains, et Sabinus les Armoriques. La même année, cinquante-six ans avant Jésus-Christ, César, qui était informé de ces conquêtes, et qui, à son tour, avait besoin d'un grand fait d'armes pour obtenir les regards et l'appui du peuple romain, eut le bonheur de vaincre les Gaulois de l'occident, dans un combat naval livré à l'embouchure de la Loire.

Un ennemi dangereux menaçait César : c'était Pompée, qui, victorieux lui-même, avait su devancer son compétiteur, pour capter les suffrages du peuple, et se créer un parti puissant dans Rome.

César savait toutes les menées de Pompée, et il était sur le point de partir pour Rome, quand les partisans de ce dernier firent nommer César gouverneur des Gaules, pour trois ans. Il fallut obéir ; mais, toujours digne de sa grande réputation et du but glorieux qu'il se proposait d'atteindre, il employa son séjour forcé dans les Gaules à combattre les Germains et leurs auxiliaires, qui ne cessaient d'inquiéter les Romains. Il eut encore la gloire de soumettre la Grande-

Bretagne. Tous ces faits d'armes excitaient l'admiration de Rome, et lui faisaient des droits aux suffrages du sénat et du peuple.

Plus César comptait de victoires, plus Pompée et son parti s'efforçaient d'en atténuer le mérite et l'influence. Pompée avait même osé ouvrir les jeux publics, ce qui était la plus haute prérogative à Rome. César l'apprit ; et n'ayant plus à vaincre, il partit pour Rome, afin de déjouer les projets de son rival.

Cependant, les Gaulois, plus étonnés qu'abattus par les victoires de César, ne tardèrent pas à s'entendre, pour s'affranchir des Romains, qui dominaient au milieu d'eux ; déjà même, depuis le départ de César, les peuples de Liége et de Trèves avaient taillé en pièces des légions du Rhin ; les peuples des Armoriques, d'autre part, indignés de leurs défaites, se préparaient à en tirer vengeance ; l'Aquitaine, enfin, partageait ces sentimens.

Arioviste lui-même avait déjà ébranlé ses légions, et il menaçait de rentrer chez les Éduens et les Arverniens ; partout, enfin, dans les Gaules, les peuples étrangers et les nationaux étaient sous les armes.

Pendant ce mouvement général, il s'établit dans toutes les Gaules un usage qu'on ne peut omettre dans l'histoire de l'agriculture, celui de faire, autour des camps, des cités et des forts, un abattis général des grands bois, et même des buissons, afin de pouvoir découvrir plus tôt les marches de l'ennemi, et de l'empêcher en outre de s'y fixer. Les Belges, les Ubiens, les Germains avaient adopté le même mode, et par les mêmes motifs. L'Allemagne, l'Italie, l'Angleterre et la France ont donné le nom de *Marches* à ces grands éclaircis. On sait qu'on dit encore *les Marches de Brandebourg, d'Ancône* et *du Limousin* (la Marche); mais peu de personnes en connaissent l'origine et la cause : César lui-même les explique (1). Toutes les nations, tous les rois adoptèrent ce mode fatal. L'homme dominateur est si enclin à détruire !

---

(1) *Civitatibus maxima laus, quam latissimas circùm se vastatis finibus, solitudines habere; hoc proprium virtutis existimant, expulsos agris finitimos cedere, nequè quemquam propè se consistere; simul hoc, se fore tutiores arbitrantur, repentinæ incursionis timore sublato.*

Publicè, maximam putant esse laudem, quam latissimè a suis finibus, vacare agros. (Cæs., l. 4.)

Le *maxima laus* de César en est la conséquence ; ce terrible et fatal usage continuera
avec plus d'activité encore dans les siècles
de l'ère chrétienne, car il n'y aura plus de
cités, de forts, d'abbayes et de châteaux, qui
n'aient de tels éclaircis. En France, on don-
nera un tel nom à ces points dévastés ; la
féodalité s'en fera un titre, et ce titre est l'o-
rigine du titre de marquis, c'est-à-dire de
conservateurs de Marches. On conviendra,
du moins, que l'édifice de la féodalité ne
peut avoir une plus vieille pierre d'attente.

L'absence de César avait fait reprendre dans
toutes les Gaules le dessein de reconquérir
la liberté. Les rois, les pontifes, dans tous
les ordres de la hiérarchie, et les sénats des
nations, crurent l'occasion favorable ; partout donc on courut aux armes ; le sentiment
de la patrie et les cris unanimes de liberté,
élevaient et agrandissaient chaque jour cette
vaste et noble conjuration, « dans laquelle,
dit César, entrèrent les nations de Sens, de
Paris, d'Orléans, de Beauvais, d'Amiens,
de Poitiers, de Limoges, de Tours, de Nantes, et de toutes celles des Armoriques. » Les
guerres civiles s'assoupirent, les chefs firent
taire leurs dissensions personnelles ; un pacte

général, en un mot, unit tous les Gaulois. Écoutons encore, sur ce point, notre respectable Pasquier, l'historien français le plus juste et le plus national pour les Gaulois :

« César est contraint, en passant, de dire
« qu'entre les autres occasions de nos révol-
« tes, la principale venait de ce qu'il nous
« était fâcheux de perdre, avec notre liberté,
« la réputation que nous avions acquise par
« plusieurs siècles de vaillantise et prouesses ;
« chose qu'il advint mesmement de dire à
« Caton, afin que, par aventure, on ne pense
« que César se veuille donner trop beau
« jeu : « Les Gaulois, au faict d'armes et de
« haute chevalerie, étaient estimés emporter
« le dessus de toutes autres nations (1)... »

Les solennités religieuses animent et fortifient partout la magnanime résolution des Gaulois ; une seule pensée les guide et les transporte, celle de vaincre les Romains, et de les rejeter au-delà des Alpes : c'est le fa-

---

(1) Les Millin, les Lévêque et compagnie n'ont donc jamais lu Pasquier ? Que faut-il penser des autres savans qui l'ont lu ? Les attaques des uns et le silence des autres signalent un grand égoïsme. Avec de telles gens, il n'y a pas de patrie, et l'esprit public est un vain mot.

meux Vercingentorix qui les commande, au
nom de la patrie et des dieux (1).

. Le pays Chartrain eut la gloire d'avoir,
le premier, commencé la guerre. Paris fit
brûler ses ponts ; dans le Berri, vingt villes
furent incendiées à la fois ; Bourges seule fut
exceptée, à la demande de Vercingentorix.
Viginti urbes.... Partout on détruisit les fourrages, les prairies, et l'ordre fut donné d'attaquer, sur tous les points, les fourrageurs
des Romains, *pabulatoribus.* On détruisit les
ponts sur l'Allier et sur la Loire. Ces ordres
excitaient des plaintes ; le chef répondait que
le plus grand des malheurs était d'être esclave, *graviùs, servitudo.* C'était enfin un mot
d'ordre général, commun à toutes les Gaules, de tout détruire à l'approche des Romains : *Ubiquè omnibus longè latèque œdificiis
afflictis incensisque.* (Cés.)

. César était à Rome, quand le sénat fut informé de la révolte générale des Gaules ; les
anciennes alarmes saisirent de nouveau les
Romains ; le sénat et le peuple pressèrent
César d'aller soumettre les Gaulois ; ses

____

(1) *Tanta enim universæ Galliæ consensio fuit liberta-
tis vindicandæ et pristinæ belli laudis recuperandæ.* (Cæs.)

oreilles étaient partout flattées du titre de *libérateur*. Pompée et son parti, par d'autres motifs, exaltaient sa gloire, ses talens et ses victoires. César ne se dissimulait pas la cause de ces éloges ; mais il lui fallut quitter Rome, et accourir dans les Gaules.

L'annonce seule du retour de César, il faut en faire l'aveu, releva le courage des légions, qui se tenaient exclusivement sur la défensive ; les Gaulois, d'autre part, frappés encore de ses dernières victoires, crurent devoir, néanmoins, concentrer leurs forces sur un seul point. « Pour la première fois, dit César, ils se créèrent des retranchemens et des campemens réguliers. »

Ce fut dans les murs d'Alise, la Thèbes des Gaules, que Vercingentorix se retira avec quatre-vingt mille braves, afin d'attendre les nombreux renforts que toutes les nations devaient lui envoyer. Leur concours, leur ardeur, leur unanimité pour la plus sainte des causes, pour la liberté, offrit alors le plus beau spectacle qu'on ait jamais vu chez aucun peuple : partout on fabriquait des armes, on préparait des vivres pour la grande armée nationale.

Comme on se plaît aujourd'hui à mettre en

doute, et, le plus souvent, à *nier* l'organisation sociale des Gaulois, je crois devoir mettre sous les yeux des lecteurs un double état de la population guerrière. Le premier avait été communiqué à César par les princes de Reims, *principibus Rhemis,* lorsque les Germains et les barbares du Nord menaçaient d'envahir la Belgique, dont Reims était la capitale ; le second est le résultat de la répartition faite *in communi concilio,* par un sénat national, pour l'armée de Vercingentorix :

Le Beauvoisis devait donner.	100,000 h.
Soissons et ses douze villes	50,000
Le Hainaut et pays circonvoisins	50,000
L'Artois	15,000
L'Amiennois.	10,000
Saint-Omer	25,000
Le Brabant.	9,000
Le pays de Caux.	10,000
Le Vexin et Vermandois.	10,000
Namur.	29,000
Cologne, Liége, Luxembourg	40,000
Total.	348,000 h.

Pour l'armée de Vercingentorix, chaque nation devait donner :

L'Autunois et le Nivernais	35,000 h.
L'Auvergne, le Senonnais, la Beauce, le Querci.	72,000
Beauvoisis.	10,000
Limousin.	10,000
Paris, Touraine, Poitou.	8,000
Amiens, Périgord, Boulogne, Lorraine, Hainaut, Agénois.	30,000
Le Maine.	5,000
Artois	4,000
Rouen, Lisieux, Evreux, chacun 3,000.	9,000
Bâle et Bourbonnais	30,000
Les Armoriques : chaque nation, 6,000.	60,000
Le Beauvoisis (1).	30,000
TOTAL	243,000 h.

La cité de Beauvais déclara que, se croyant
assez forte pour faire la guerre par elle-
même, elle n'enverrait sur son contingent
que deux mille hommes, comme première
marque de son adhésion à la cause nationale.

On peut juger maintenant quelle pouvait
être la grande conjuration des Gaulois contre
les Romains, et avec quelle ardeur on se
préparait partout pour vaincre. Malheur aux
Romains qui étaient rencontrés ! ils étaient

---

(1) *Civitas maximæ virtutis.* (Cæs.)

exterminés. Vercingentorix, de son côté,
ordonnait d'incendier les toits où les Romains pouvaient se retirer, de dévaster les
prairies et les moissons où paraîtraient des
légions romaines, et partout on exécutait
ponctuellement ses ordres (1).

Cette époque est, sans contredit, celle de
la plus grande confédération gauloise contre
Rome ; elle est en même temps une leçon dans
l'histoire, pour le sort et pour le système des
confédérations des peuples contre des conquérans. Les Gaulois eussent infailliblement
vaincu les Romains, si, moins confians ou
présomptueux dans leur force et leur bravoure individuelle, ils se fussent mieux entendus sur les moyens de vaincre, s'ils eussent
mieux connu le caractère et les ruses perfides
des Romains ; mais, n'ayant aucune idée des
moyens de communications employés par
les ennemis, et méprisant même la tactique
qui faisait combattre par grandes masses et
au signal d'un seul homme, ils ont été facilement vaincus dans leurs combats de tribus

---

(1) *Ipsi frumenta corrumpunt œdificiaque incendunt....
quâ rei jacturâ..... libertatem.... hœ acerba, at liberos ac
conjuges in servitutem... acerbiora.* (Cæs., l. 7.)

ou de nations isolées. Ils avaient cependant
imaginé des signaux pour se correspondre
dans le jour, soit du haut des monts, soit
des tertres qu'ils avaient élevés exprès; ils
criaient, par des mots de convention, ou le
départ de leurs colonnes, ou l'approche de
l'ennemi, ou toute autre nouvelle impor-
tante. Ainsi, à plus de soixante lieues, ils
apprenaient, du lever du soleil à son coucher, ce qu'il importait de faire savoir au
quartier-général. La nuit, ils allumaient des
feux sur la même ligne, et, par des signaux
relatifs, ils transmettaient des ordres ou des
avis; toutes les Gaules, enfin, étaient en
armes et en feu, depuis Autun jusqu'à Orléans (1).

C'est pour me conformer aux indications
données par les historiens, que je désigne ici
la ville d'*Orléans* comme une des principales
cités du centre des Gaules, et que d'autres
nomment *Genabum*. Dans l'intérêt de l'histoire et de la géographie, une explication est

---

(1) *Clamore per agros regionesque significant..... alii
deinceps excipiunt, alii tradunt quæ Genabi oriente sole
gesta essent, antè primam confectam vigiliam, in finibus
Arverniorum audita sunt.* (J. Cæs., l. 7.)

utile, car je suis persuadé qu'on est dans l'erreur sur l'identité de la ville qu'on nomme *Genabum*, pour désigner *Orléans*.

Jules-César dit que Genabum était un fort situé sur la Loire, et qu'il faisait partie du pays des Arverniens. Dans d'autres circonstances, il nomme la cité de *Corbilo*, qu'il dit aussi placée sur la Loire.

Avec un peu d'érudition, et à l'aide de quelques exemples, on pourrait trouver rigoureusement que le mot *Corbilo* comporte celui d'*Orléans*. Long-temps avant et après César, Corbilo a été regardée comme une ville du pays des Carnutes et des Armoriques, tandis que Jules-César nomme *Genabum* comme un des forts d'où les Gaulois transmettaient à Clermont les évènemens qu'il importait de faire connaître aux Arverniens : or, ce Genabum ne pouvait être que Gien. On conviendra, du moins, que la contexture du mot se rapporte plus à Gien qu'à Orléans. Faisons observer encore que lorsque les Romains, long-temps avant Jules-César, désignaient les plus grandes villes des Gaules, ils nommaient toujours Marseille, Lyon et *Corbilo*. Gien, au surplus, par son titre, par son fort, et par son pont sur la Loire, était et pourrait être encore une forte position militaire. Si Genabum, enfin, comme le disent les historiens modernes, était Orléans, on ne pourrait se rendre compte du point de fait, que, du lever au coucher du soleil, on apprenait des évènemens d'Orléans à Clermont, ou il faudrait supposer un très-grand nombre de tertres factices ; car les vastes plaines du Berri et les grands bois étaient un obstacle à ces communications, tandis que les divers monts ne commencent qu'à compter de Gien et de Sancerre.

Je n'offre, au surplus, ces réflexions que comme une simple opinion, et si je me trompe moi-même, il faudrait du moins nous dire le premier nom d'Orléans, ce qu'est devenue la grande ville Corbilo, et enfin que Genabum n'est pas Gien. Reprenons le cours de l'histoire de la conjuration des Gaules.

César, qui était bien instruit de la terrible et unanime résolution des Gaulois, et de leurs forces, qui s'accroissaient tous les jours, ne livrait rien au hasard ; il se retrancha lui-même, de manière qu'il pouvait à la fois repousser les assiégés, et combattre les contingens gaulois qui se dirigeaient vers

Alise. Ayant souvent éprouvé la force et la puissance de la cavalerie gauloise, il avait donné tous ses soins à en composer une qui pût résister à celle de l'ennemi. Habile politique, il avait eu l'art de désintéresser Arioviste, et d'en obtenir même un puissant renfort de cavalerie. Il avait eu encore la précaution de faire acheter un grand nombre de chevaux en Espagne et en Italie (1).

Comme la cavalerie gauloise l'avait déjà vivement harcelé, et que d'ailleurs les légions pouvaient à peine tenir la plaine, Jules-César eut recours aux embûches; il fit faire occultement, et sur plusieurs points, des fosses profondes, garnies de pieux, et dans lesquelles se précipitait la cavalerie des Gaulois. La crainte de ces piéges, si habilement masqués, rendit les excursions de leur cavalerie plus rares.

Jules-César n'avait pas seulement à combattre les Gaulois; il avait encore à pourvoir de vivres ses légions, qui souffraient cruellement de la faim. Qu'on juge, au surplus, de la disette des grains, par la mesure que

______

(1) *Equorum hujus belli causá, in Italia atque Hispania coemptores miserat.* (J. Cæs.)

prit César de faire venir de l'Epire des bêtes
à cornes, pour suppléer aux vivres céréales,
pecus imperabat. Il dit lui-même qu'il ne put
faire vivre sa cavalerie qu'en faisant rechercher, dans les bois et les champs, des racines qui, lavées et amincies, formaient des
rations. Il fit encore couper et broyer des
sommités de branches et ramasser des feuilles ; c'est ainsi que, pendant plus de trente
jours, il put soutenir sa cavalerie (1). Il tirait
ses ressources en grains du Berri, mais il
lui fallait employer des corps considérables
pour protéger ses convois, dont souvent
les Gaulois s'emparaient; car cette province
était, selon César, la plus·fertile et la mieux
cultivée, *regione fertilissimâ.*

Alise, située sur le mont Auxois, dominait
au loin la plaine ; deux rivières en baignaient
les pentes. César et Vercingentorix ne se faisaient plus la guerre que pour les vivres et
pour les fourrages.

Le service et les mouvemens de la cavalerie des Gaulois, comme ceux de la cavale-

(1) *Inopiâ... foliis ex arboribus strictis et teneris arun-
dinum radicibus contusis equos aluerent. (De Bell. Civ.,*
Cæs.)

rie des Romains, exigent ici, sous le rapport de l'histoire, une explication sur la manière dont les uns et les autres faisaient vivre
leurs chevaux de bataille. Cette pensée, déjà
peut-être, a occupé ceux qui ont fait quelque attention au mode que suivaient les
Grecs et les Troyens, et qui consistait à envoyer paître les chevaux des chars de guerre,
le long des fleuves et des marais; ce sera d'ailleurs le mode que suivront les Germains, les
Francs et les Espagnols. Ceux qui, en lisant
l'histoire des nations modernes, ont déjà
remarqué l'extrême différence du mode des
anciens pour faire vivre leur cavalerie, avec
le régime auquel on soumet les chevaux de
guerre en Europe, pourront douter des réalités qu'observaient les anciens, ou du moins
concilier difficilement les bons effets du régime actuel imposé à la cavalerie. Cette considération mérite qu'on s'attache à prouver
du moins la bonté, l'excellence même du régime auquel les anciens accoutumaient leurs
chevaux de guerre. Dans les deux Indes, les
chevaux de guerre vivent d'herbes; ils sont
les plus généreux, les plus robustes et les
plus vîtes de toute la terre, et leur service,
pour la durée, excède trois à quatre fois celle

des chevaux d'Europe. Dans l'Indostan, on ne nourrit les chevaux de cavalerie qu'avec des herbages ; et lorsque le théâtre de la guerre ou l'ardeur du climat s'oppose à ce qu'on suive le régime commun, on fait arracher dans les champs des racines de chiendent, qui couvre la plus grande étendue des plaines ; on les lave avec soin, et elles forment des rations de campagne : si on se trouve dans des lieux, où il n'y a ni chiendent ni herbes propres au pâturage, on nourrit les chevaux avec le *coulon,* sorte de lentille qu'ils aiment beaucoup ; si enfin on les soumet à des marches forcées, pour réparer leurs forces, on leur donne le coulon, dans lequel on fait cuire une ou plusieurs têtes de moutons, qu'on désosse. L'expérience a prouvé que c'est une nourriture très-substantielle et fortifiante (1).

La tradition des anciens en Europe n'est pas perdue sur les moyens de nourrir les chevaux de guerre, car, dans ces derniers temps, les Russes, pour passer le Pruth, ont attendu que les champs fussent garnis d'herbes.

---

(1) L'avoine n'y est pas connue.

César, au siége d'Alise, n'était occupé qu'à envoyer des escortes à ses troupes, qui lui transmettaient des fourrages. Cette sollicitude n'occupait pas moins vivement le chef des Gaulois (1). Il est même remarquable que Jules-César, dans une excursion, or-donna de prendre des fourrages pour trente jours, *dierum trigenta pabulum jubet.*

La cavalerie la plus renommée des Gaules était celle de Trèves, *totius Galliæ equitatus.* Quoi qu'il en soit, les chevaux des Gaulois n'avaient ni brides, ni selles, ni étriers.

En récapitulant ici les divers modes em-ployés par les rois et par les nations pour faire vivre et prospérer les chevaux de cava-lérie, il est difficile de concilier tous les ex-trêmes que la pratique et l'histoire ont con-sacrés ; depuis plus de trois mille ans, le mode de faire paître le cheval de guerre a été général ; il durait encore sous les rois de la première et de la seconde race, en France. On sait qu'il existait sous Frédégonde et Alaric. Ce n'est qu'à mesure que la domésticité a fait des progrès, que le système

---

(1) *His pontibus, pabulatores mittebat.*

de la stabulation a été adopté parmi nous. Cette question en comporte une autre qui ne serait pas moins embarrassante pour les hommes qui dédaignent d'observer la nature. Je veux parler de l'éducation du cheval ; si sa docilité n'était pas un fait, quand il fallait revenir des champs du pâturage au quartier-général, d'où il était parti, on pourrait nier la pratique et les avantages d'une dépaissance libre ; mais qu'on ne s'y trompe pas, il a toujours été dans la nature du cheval de paître l'herbe des champs ; c'est là qu'il a toujours été fort, vîte, robuste, superbe, et exempt des maladies qui l'accablent aujourd'hui. Ce sont là des principes incontestables ; toutefois, je ne propose pas d'adopter le système des anciens, *car les céréales ont trop envahi les pays fertiles,* et le fourrage sec est une nécessité accomplie. Trop heureux s'il se trouvait dans notre gouvernement des hommes qui du moins fissent observer dans les haras publics l'usage de faire paître les jeunes chevaux jusqu'à l'âge de trois, quatre et cinq ans ; mais des agronomes de cour et des vétérinaires parisiens ne reconnaissent plus aujourd'hui, même pour les haras, que la fatale stabulation, les rateliers et les fourrages artificiels. On ne pouvait pas mieux s'y prendre pour stériliser le sol, pour précipiter la dégénération de ce beau quadrupède, devenu si utile ; car aujourd'hui même, malgré la science acquise dans l'état vétérinaire et la physiologie, il n'y a pas d'être dans la nature qui passe plus rapidement de la jeunesse à la vieillesse, aux infirmités et aux déformations ; on fait plus, on le mutile.

Après plusieurs mois d'un siége aussi savant qu'opiniâtre, et d'une résistance égale de la part des assiégés, une action générale s'engagea ; dans cette circonstance, César se surpassa en valeur et en génie. Plus de cent mille Gaulois y périrent en combattant pour la liberté. Vercingentorix fut fait prisonnier, et toutes les Gaules furent captives avec lui. Consignons-en du moins la cause. Les Romains, dans leurs combats, observaient un ordre et une discipline imperturbables, tandis que les Gaulois, ne se confiant qu'au courage individuel, combattaient pêle-mêle.

Strabon, excellent observateur et bon juge, révèle cette cause même. Il dit : « Toutes les nations gauloises, n'écoutant que leur courroux, marchent en désordre au combat, et elles n'observent aucune prudence, ni circonspection (1). » Tacite a dit des Gaulois : « Tandis que chacun d'eux combat avec courage, ils se trouvent tous vaincus (2). »

César, cependant, n'abusa pas de sa victoire ; il se borna à exiger des otages des grandes cités, puis il donna à chaque soldat romain un Gaulois, à titre de butin (3).

Pendant cette grande crise, Rome avait été dans une telle anxiété, que lorsqu'elle apprit la victoire d'Alise, elle ordonna vingt jours de prières (4).

Ce grand évènement se passa l'an 701 de Rome, 52 ans avant Jésus-Christ. Un monument aurait dû dire ou rappeler à la postérité les nobles et derniers efforts des Gaulois pour la liberté ; mais à peine en est-il question dans les livres d'histoire. Les arts même ont déserté la cause de la patrie ; et, comme s'ils avaient voulu consoler les Ro-

(1) *Universa hæc natio..... irritati, ad pugnam cœunt consertim et palam idque in circum spectè.* (Lib. 4.)

(2) *Dum singuli pugnant, universi vincuntur.* (Tac.)

(3) *Toti exercitui.... capita singula prædæ nomine distribuit.* (J. Cæs.)

(4) *His rebus Cæsaris... Roma vigenti dierum supplicatio indicitur.* (Idem.)

mains de la prise de Rome par les Gaulois, ils ont, à l'envi, élevé des trophées à Camille, comme à un libérateur. Les théâtres, qui sont devenus une sorte d'école de mœurs et d'histoire, répètent avec une affectation scandaleuse la barbarie de Brennus et la magnanimité de Camille. Il n'a point suffi que des traits des Romains aient fourni des sujets dans lesquels Rome brille d'un majestueux éclat; les auteurs ont voulu chaque fois encore accabler de honte et de mépris les Gaulois. On a fait une tragédie qui a pour titre : *Rome sauvée par Camille.* Dans les tableaux, dans les gravures, et jusque dans les vignettes, Camille est représenté comme le dieu Mars même, et Brennus, comme un sauvage féroce, se retire à la manière des lâches. Le trait de Brennus est historique, et authentiquement avoué par l'élite des Romains ; celui de Camille, au contraire, est un épisode, un mensonge manifeste ; mais on l'apprend, on le répète comme historique. Voltaire avait donc bien raison de dire que l'histoire est une fable convenue.

Nul historien n'a daigné décrire l'antique Alise, où furent échangés les destins de Rome, et ceux de quarante millions de Gauibis. Tout les y invitait, cependant; car elle était une superbe position militaire, renommée par sa population, par son industrie et par ses écoles. Les Romains ont été plus justes ou moins dédaigneux. Pline lui-même nous apprend que Rome avait fait relever ses édifices et ses remparts. Située sur un mont élevé et large à son plateau, elle dominait au loin la plaine (1); deux rivières en baignaient le contour. Les Algaroti, les Folard, en dénombrant les plus belles positions militaires, n'ont pas même su lui restituer son véritable nom; car ils l'appellent, ainsi que tous les historiens civils et religieux, *Alexie*, au lieu d'*Alise*. Combien cette malheureuse cité a subi de révolutions et de désastres! Au troisième siècle de l'ère chrétienne, elle n'était plus qu'une bourgade. On veut que sainte Reine y ait été martyrisée. Quoi qu'il en soit, Alise a pris le nom de *Sainte-Reine*. En 451, saint Germain y a fondé un monastère; en 877, Charles-le-Chauve donna ce monastère à l'abbaye de Flavigny.

---

(1) *Antè id oppidum, planities mille passuum tria, circuitus undecim millia; duabus ex partibus flumina subluebant.* (J. Cœs.)

Si je me suis permis de nommer Alise *la Thèbes des Gaules*, ce n'est pas de ma part une vaine exagération.

La capitale de la Béotie avait sept portes.

Celle de l'Auxois en avait deux de plus.

Deux fleuves, l'Asope et l'Ismène, baignaient l'enceinte de Thèbes.

Alise avait le même avantage, mais les filles de mémoire n'ont pas daigné redire les noms de *l'Oze* et de *l'Ozerain*.

Thèbes avait été fondée par Amphion.

Alise l'avait été par Hercule. (Diod. de S.)

Thèbes était renommée par son territoire éminemment fertile.

Alise était réputée une des mamelles des Gaules (1).

Thèbes a été détruite de fond en comble par Alexandre, en soutenant sa liberté et son indépendance.

Alise a subi le même sort, et pour la même cause.

Mais telle est la différence des souvenirs pour l'une et pour l'autre, que tous les historiens et les géographes disent et marquent

---

(1) *Altera mamma.... quod alat pane præpingui colonos.* (Leaut., *Hist. Edn.*)

le lieu où fut Thèbes, tandis que le nom d'Alise est tout à fait absorbé.

Vercingentorix a été un des plus grands hommes de l'antiquité ; le choix que toutes les nations des Gaules (car elles délibéraient alors) avaient fait de lui pour défendre la liberté, est déjà un grand titre de gloire ; et Alexandre, qui a fait passer les Thébains au fil de l'épée, fait encore brûler l'encens des historiens, des poëtes, des courtisans et des prêtres.

Thèbes a eu ses Pindare, ses Linus et ses Plutarque ; à peine Alise a-t-elle eu un chroniqueur, et on peut dire d'elle ce qu'on dit de Troye : *Nunc seges*. Voici un vers, au surplus, qui termine l'éloge qu'en a fait le moine Eric, d'Auxerre :

Nunc restant veteris tantùm vestigia castri.

Diodore de Sicile, qui a pris plus de soin de l'histoire des Gaules que les auteurs nationaux, avait déjà dit qu'Alise avait été fondée par Hercule. La charrue encore n'en sillonne pas les pentes, sans offrir quelques vestiges de sa splendeur ; naguère, on y a trouvé des chaînes d'or, et un joug incrusté d'or et d'argent. Dans plusieurs auteurs,

Alise est comprise au nombre des villes qui avaient un gymnase.

César, on doit l'avouer, se montr a aussi grand homme d'Etat et politique, qu'il avait été grand capitaine de guerre; loin d'opprimer les Gaulois, et de les livrer à des exacteurs du fisc ou à la soldatesque, il ne chercha, ses garanties prises, qu'à se concilier l'estime d'un peuple qu'il avait connu fort et généreux. Le sénat de Rome confirma toutes les propositions de César pour les titres et les honneurs qu'il proposait en faveur des cités et de leurs magistrats (1). Les chefs gaulois eux-mêmes se montrèrent sensibles aux faveurs de César, qui, loin d'abuser de sa victoire, les traitait comme des braves, en qui il avait toute sa confiance. Plus de deux mille d'entre eux se rangèrent sous ses aigles; et tel fut, dans la suite, leur dévouement pour lui, qu'ils le suivirent en Espagne et dans les plaines de Pharsale. Cette conduite de César, dictée par une sage politique envers des guerriers naturellement fiers, servit bien, dans la suite, ses desseins et son parti dans Rome.

Il y avait à peine un an d'écoulé depuis la

____

(1) *Datum id fœderi.*)

victoire d'Alise, qu'on proposa dans le sénat de licencier l'armée de César. Le tribun Curion, du parti de César, y consentit, mais à condition qu'on en ferait autant de celle de Pompée. Le sénat se réduisit à ordonner que César enverrait plusieurs de ses légions pour combattre les Parthes. César obéit, et ses légions furent données en commandement à Pompée.

César, ne doutant plus alors ni des intentions du sénat, ni des desseins de Pompée, entra de suite en Espagne, et la victoire partout suivit ses aigles. Il apprit que de nouvelles troupes dévouées à Pompée arrivaient d'Italie pour le combattre; il quitta l'Espagne en toute hâte, afin de prévenir le ralliement de plus grandes forces (1).

Marseille, du parti de Pompée, avait ouvert son port à sa flotte. César résolut d'en faire le siége; il avait besoin d'arbres pour ses fortifications; il ordonna d'abattre le bois qui dominait et couvrait la cité; mais cet ordre restait sans exécution, parce que

______

(1) *Ex Iberis verò et celtiberis nationibus audacissimis, bello consuetis... multitudo ingens ad Pompeium venerat.* (Appian, l. 2.)

ce bois était consacré. César alors prit une hache, et donna le premier coup à un arbre, déclarant à haute voix qu'il se chargeait seul du courroux des dieux. Bientôt après les arbres disparurent (1). Tels ont été les regrets que causa cette destruction, qu'ils durent encore. Marseille fut réduite aux lois de César; mais, grand et généreux, il pardonna, en mémoire sans doute du service rendu par les Marseillais à la ville de Rome, lorsqu'il fallut payer la rançon imposée par Brennus.

Les victoires de César ne détournèrent pas son attention et ses soins du gouvernement des Gaules; il le confia à des hommes dignes de lui; il rentra à Rome, où, d'enthousiasme, il fut presque à la fois proclamé dictateur et consul.

Cependant, Pompée persistait dans ses desseins de domination; César proposa une pacification, voulant, disait-il, mettre fin à une lutte qui fatiguait Rome, et qui pouvait la jeter dans les horreurs d'une guerre civile.

----

(1) *Omnibus arboribus longè lateque in finibus Massiliensium excisis et convectis.* (Cæs.)

In Gallia Cæsar lucum violatum ad classem contrà Massilienses. (Lucan., l. 3.)

Pompée la refusa. César prit alors le parti de suivre son rival en Orient, où l'empire du monde va devenir le prix d'une victoire.

César fut vainqueur à Pharsale. Rome en fit éclater une grande joie : elle en eût fait autant pour Pompée.

Quoique César ne fût plus que l'homme de Rome, les Gaules n'en restaient pas moins attachées à sa fortune. Les proconsuls et les exacteurs y exerçaient les plus horribles vexations. César s'en fit rendre compte ; il chassa tous les agens du fisc, et il fut béni par toutes les Gaules. Telle était devenue déjà la tyrannie des subalternes et des gouverneurs, que les Gaulois, nés si fiers et si braves, se trouvaient insensiblement réduits, pour vivre tranquilles, à se mettre en servitude.

César, qui avait bien jugé depuis long-temps que, pour être le maître un jour de Rome, il suffisait de l'être des Gaules, y avait tenu des États, et même à Paris. Il en connaissait toutes les ressources ; c'est à lui qu'on doit les grandes divisions du territoire, qu'il a ainsi fixées : la Belgique, la Celtique et l'Aquitainique. Chacune de ces divisions était subdivisée en contrées ou cités, pays et bourgs, *civitates* (pagi) *et viçi* (bourg).

Un de ses principaux soins fut d'y établir de grandes voies de communication (1). Il commença par celles qui devaient être un jour les artères du corps politique, auquel, depuis tant de siècles, deux mers et de grands fleuves donnaient en vain la vie. Lyon était le point central, duquel partaient toutes les voies; c'était, pour les Romains, l'*exordium Galliarum*, depuis que la Provence avait été incorporée à l'empire.

Il envoya dans les Gaules plusieurs colonies de peuples étrangers, et même de l'Italie, afin d'accoutumer les Gaulois aux usages des Romains. L'histoire et la tradition ont plus particulièrement fait remarquer celle qui fut placée à Langres. En se rappelant au surplus l'immensité des prisonniers qui se faisaient dans ces temps, et les causes politiques qui portaient les dominateurs et les conquérans à faire tous ces déplacemens de peuples, on sera moins étonné de ces différences d'usages, de mœurs et de caractères,

______

(1) *Vias aperuit per cemenos montes ad Aquitanos et Santones, alteram ad Rhenum, tertiam, ad Oceanum, per Bellovacos et Ambianos, quartam, ad Norbonensem Galliam et ad littus Massiliense.* (Strab., l. 4.)

de tant de foyers d'industrie exclusifs à certaines contrées, et de ces habitudes agricoles
qui ont été si long-temps en contraste avec
celles des territoires qui n'étaient séparés que
par un fleuve ou par une rivière, et où ré-
gnaient souvent la misère et l'ignorance.

César a fait construire dans les Gaules des
aquéducs, des ponts et des chaussées; il a
fait établir encore des greniers et des cel-
liers de réserve dans le Dauphiné; la tradition, du moins, les lui attribue (1); la France
entière atteste ses travaux, car il n'y a pas
de contrée où l'on ne les cite.

Jules-César était devenu trop grand, trop
célèbre et trop puissant pour ne pas exciter
à Rome des envieux ou des ambitieux, et
surtout dans le sénat, qui déjà prévoyait que
l'immense popularité dont jouissait le vainqueur des Gaules, pourrait lui faire aliéner
les suffrages du peuple, et diminuer son
crédit et sa fortune.

Rome, à cette époque, était partagée en
trois grands pouvoirs, celui du sénat, celui
des chefs d'armée, et celui du peuple romain.

Le premier, tenant par de profondes ra-

____

(1) *Granaria et cellaria constituit.* (Cluv.)

cines à la fondation même de Rome, était en possession de diriger les deux autres, et d'attirer sur lui l'opinion publique de l'Italie et du monde, par des décrets éclatans de dignité et d'orgueil. Ce n'était plus alors ni la justice, ni la patrie, ni la liberté qui dictaient ses décrets, car il serait peut-être impossible d'en citer un seul, à l'époque du premier triumvirat, qui ait été exempt des intérêts de ce corps, ou de ses restrictions mentales, sur lesquelles il fondait ce qu'il appelait son *pignus imperii*, et qu'on ne peut mieux comparer qu'à l'arche des Hébreux, ou à l'institut des jésuites.

Le second se composait d'hommes de haute naissance ou de guerriers aventureux, renommés par des victoires. Les uns et les autres aussi, moins occupés des intérêts ou de la gloire de la patrie, apportaient tous leurs soins à se créer des légions dévouées, à se faire des partis dans Rome, afin d'y jouir des honneurs du triomphe, ou de parvenir aux charges éminentes de la magistrature et du sacerdoce.

Le troisième, celui du peuple, était, pour les deux autres, le plus craint et le plus recherché. Il n'y avait pas de séductions, il n'y avait pas de sacrifices qui leur coûtaient pour s'attirer ses bonnes grâces et ses suffrages ; mais, semblable à l'hydre à cent têtes, son pouvoir dépendait exclusivement de ceux qui savaient le mieux l'apprivoiser, lui plaire ou le payer.

En connaissant bien la consistance et l'organisation du gouvernement romain, on s'étonne qu'il ait pu durer encore si long-temps, car alors tout était vénal à Rome ; la justice, les lois, les décrets et même l'empire. Cette capitale, la maîtresse du monde, en effet, était devenue un repaire affreux d'espions, de faussaires, d'empoisonneurs et d'assassins. L'aristocratie elle-même, c'est-à-dire les hommes du sénat, les consuls, les tribuns, les prêtres, les augures, vivaient dans un tel état d'égoïsme, de brigues et de corruptions, qu'il suffisait d'avoir de l'audace et de l'argent pour disposer des fonctions des uns et des autres.

Si Rome eût possédé, comme le disent tous les jours les légistes et les orateurs, des citoyens véritablement vertueux, et justement indignés du cours non interrompu des attentats, des complots ou conjurations, et de tant de crimes violens ou honteux, ils se seraient réunis, ils auraient formé une sainte ligue, pour arrêter cette commune démoralisation ; s'ils avaient su profiter de quelques circonstances accessibles à l'intelligence ou aux yeux du peuple, ils n'auraient couru aucun danger ; car ce peuple, comme tous les autres, honorait la justice et les vertus publiques. Combien de fois il en avait donné de preuves ! Il suffit de rappeler l'expulsion des décemvirs, qui ne voulaient pas que les jeunes chevaliers critiquassent leur conduite et leurs actes.

De tous les Romains, celui qui était le mieux informé des crimes et des attentats des magistrats de Rome et de leurs agens au-dehors, c'était bien Cicéron. On cite toujours les accusations qu'il en portait à la tribune, et ses tableaux n'étaient pas exagérés. Mais, il faut en faire le triste aveu, ses vertus civiques se réduisaient à des plaidoyers de circonstances, et souvent même à des attaques contre les adversaires du parti qu'il avait embrassé, ou qu'il approuvait. Ah ! si un homme de cette trempe et doué d'un si beau talent avait eu le courage d'éclairer les Romains sur tous les désordres qu'il pouvait si bien signaler ; si, ne pouvant ignorer la con-

juration, ou du moins les trames qui s'our-
dissaient contre Jules-César, il en eût prévenu l'affreuse réalisation, il aurait sauvé
Rome, l'empire, les trônes, et assuré quelque repos à l'humanité ; il se fût acquis une
gloire immortelle, et mille fois plus grande
que celle des potentats les plus puissans.
Mais si cette pensée, comme on n'en peut
douter, a occupé son esprit, on s'afflige au
fond de l'âme, de ses motifs d'hésitation. On
sait que ce grand homme avait une propen-
sion marquée pour un gouvernement républicain ; comme tel, il était disposé à croire
aux allégations et aux prétextes dont l'entre-
tenaient les amis et les familiers de César. Il
s'effrayait de voir un maître dans Rome, et
il s'étourdissait sur le grand nombre de ceux
qui participaient à la souveraineté, en la
souillant de vices et de crimes. Cicéron s'est
du reste ainsi révélé, quand il a fait entendre
ses éloquentes imprécations contre les assassins de Jules-César.

La tardive explosion de ce prince des orateurs sera pour tous les philosophes un
éternel reproche à faire à sa mémoire, et à
son ardent amour pour la patrie. Il avait fallu
des siècles de guerres, de gloire, de vertus

et de lices violentes au Forum, pour produire
un homme comme Jules-César, et il n'a fallu
qu'un instant au farouche Brutus pour faire
évanouir toutes les destinées qui flattaient
déjà Rome, l'empire et le monde.

Cependant, le gouvernement de Rome, si
on veut bien l'étudier encore, recélait en lui-
même tous les élémens d'un sage gouvernement représentatif, ceux d'une haute aristocratie, ceux d'une noble et antique démo-
cratie, et de grandes familles patriciennes
dignes du trône et du droit d'exercer les
commandemens dans l'empire. Plus digne-
ment inspirés, le sénat, le peuple, les magistrats, et Cicéron à leur tête, devaient faire
considérer Jules-César comme un envoyé
des dieux ; ils devaient travailler de concert
et avec lui, pour constituer un vrai gouvernement représentatif, selon la pensée de Polybe (1), contemporain de César et de Ci-

____

(1) Polybe, chef de la république des Achéens, né cent
quatre-vingts ans avant Jésus-Christ, à Mégale, petite ville
d'Arcadie, fut ambassadeur chez Ptolomée Epiphane, et
ensuite à Rome, où il devint l'ami de Scipion et de Lé-
lius, et où il a écrit son histoire, de laquelle il ne reste
malheureusement que les cinq premiers livres, et des

céron, afin d'offrir enfin à la terre un trône
gardé par les vertus et par une juste liberté.
C'était l'intérêt des familles patriciennes, de
la magistrature, du sacerdoce, du peuple et
de l'armée. Le règne d'Auguste va justifier
cette pensée.

César possédait les plus hautes qualités
des vrais héros, la clémence et la justice, et,
ce qui n'est pas moins précieux, une admirable modestie. Ses pardons envers Marcellus et Ligarius en sont deux grandes preuves.
Déjà même Cicéron l'avait loué de cette
noble et généreuse conduite. Il n'était pas
seulement un grand homme de guerre, il était
encore un grand homme d'Etat. Tout ce qu'il
a fait dans les Gaules et l'Italie le met au
premier rang comme administrateur; il possédait encore les sciences et les arts les plus
utiles, car c'est lui qui donnait les dessins
des ponts, des vaisseaux et des fortifications
qu'il fallait établir dans les Gaules; il a tenu

---

fragmens des autres. Le jésuite Rapin a été son détracteur :
ce trait seul élève la gloire et les vertus du grand citoyen
de Mégalopolis. Ce jésuite lui préfère Hérodote : ce n'est
pas faire l'éloge de ce dernier, pour ses principes et pour
ses vertus. Ce même jésuite a fait l'éloge de Brutus.

les états pour l'administration générale des provinces ; il y a modéré les impôts ; il y a réprimé l'avidité des proconsuls et celle même des agens du sénat, plus factieux ou terribles que ceux du fisc. César, en outre, cultivait les hautes sciences ; la réformation du calendrier en est une preuve de fait. Il cultivait les belles-lettres ; il avait fait un poëme sur les voyages ; ses lettres seraient même des modèles. Il pouvait donc, après avoir vaincu ou pacifié les nations ennemies et lointaines, faire encore fleurir les sciences, les lettres et les arts ; un tel homme, enfin, pouvait coordonner la stabilité de l'empire romain, et même assurer la paix du monde.

Que le philosophe, le magistrat et l'homme d'Etat, dignes de bien comprendre la législation, l'administration et la civilisation, se résument ici toute la carrière de Jules-César, depuis la proscription de Scylla jusqu'aux dernières guerres contre Pompée ; qu'ils se rappellent toutes ses propositions au sénat, à Pompée, à Caton d'Utique, et toutes ses allocutions à l'armée ; qu'ils réfléchissent un instant sur tout le bien qu'il aurait pu faire, par celui même qu'il a fait pendant ses cam-

pagnes, et sans autres motifs ou considérations que de bien mériter de la patrie et de
l'humanité. Nul encore n'avait mieux compris
ce genre de gloire, qui efface toutes celles
que donnent les victoires et les conquêtes.
Qui aujourd'hui pourrait nier que César n'aurait pas pris le parti qu'avait suggéré Polybe,
et que tous les siècles, jusqu'à nous, ont déclaré le plus juste, le plus sage, et que nos
législateurs, malheureusement, ainsi que les
conseillers du trône, semblent ou ne pas
comprendre, ou ne pas vouloir franchement
adopter?

En m'expliquant ainsi, je n'ai point cherché à faire prévaloir le plus grand des Romains : j'ai voulu seulement faire observer à
notre excellente jeunesse qui suit la carrière
des armes ou des lois, et sur laquelle repo-
sent les intérêts et les destins de la patrie,
qu'il n'y a de gouvernement stable que le
gouvernement représentatif. Rome était parvenue au faîte de la gloire, de la prospérité
et de la puissance; il a suffi d'un assassin fanatique, soi-disant républicain, pour précipiter l'empire dans les guerres civiles, et ouvrir les abîmes dans lesquels il s'est anéanti.
Le royaume de France aussi a été grand,

fort et puissant, et le fer d'un fanatique religieux, en tranchant les jours du grand et
bon Henri, a fait ressusciter toutes les furies
du fanatisme.

Le règne d'Auguste a été brillant, mais
absolu ; qu'on songe à ses successeurs, et au
sort de l'empire sous les Néron, les Constantin et les Augustule !

Le règne de Louis XIV aussi a été brillant
et superbe, mais absolu ; qu'on se rappelle
sa vie privée, sa carrière, la révocation de
l'édit de Nantes, les dragonades, etc., et on
pourra mieux juger, par de tels exemples,
du mérite, des bienfaits et de la stabilité des
gouvernemens représentatifs.

Une confiance trop généreuse a perdu César ; la cause de la liberté en a été le prétexte ; et s'il faut juger des intentions de ses
assassins par leurs antécédens, ils auraient
été d'affreux despotes sous la robe consulaire. On est honteux, après tant de siècles
de mauvais rois, de rois imbécilles ou enfans, de farouches tyrans et d'usurpateurs,
de voir encore mettre en question l'institution des gouvernemens représentatifs : ce
sera toujours la plus grande tache de l'histoire de Napoléon. *Montrons donc ! cette
tache à vos yeux et à ceux des vrais
partisans du représentati[f] ... [illegible] ;
prouve au contraire qu'il avait
parfaitement compris que cette gloire
brouillers peut-être, le [illegible]
[illegible] [illegible].*

La mort de César consterna Rome; Cicéron et Antoine en achevèrent la désolation. Le premier disait aux Romains : « Vous venez de perdre celui qui avait donné tant de richesses à l'empire, celui qui avait soumis les barbares nations qui seules avaient pris Rome. » *Solus, patriæ per trecentos annos turpiter afflictæ, attulisti opem et feras gentes quæ solæ in Romam venerant, subjecit.*

La mort de Jules-César, en un mot, fut un deuil pour toute la terre; semblable à ces grandes catastrophes qui bouleversent quelques parties du globe, et qui s'annoncent immédiatement aux contrées lointaines par un ciel chargé de vapeurs et d'orages, la nouvelle de sa mort parvint rapidement, comme une chaîne électrique, du Capitole à l'Epire, à l'Egypte, à la Syrie, à la Perse, en Asie, en Afrique, et dans toutes les Gaules ; les rois, les pontifes, les magistrats, les soldats, le peuple et les esclaves ne répétaient partout que ces mots : *César est mort!* Il n'y a jamais eu d'oraison funèbre plus imposante, plus unanime et plus vivement sentie; elle durera autant que le monde.

FIN.

Livre qui contient [illegible] articles [illegible]
[illegible] [illegible] je [illegible] ma [illegible]
[illegible] [illegible] d'[illegible], et [illegible] le
[illegible] [illegible] contradictoire [illegible],
l'auteur ne [illegible] [illegible] [illegible] [illegible]
[illegible] les [illegible] [illegible] et [illegible]
[illegible] des faits [illegible] [illegible]
[illegible] [illegible] les [illegible] [illegible]
[illegible]. Le [illegible] de [illegible]
et d'[illegible], a [illegible] faire [illegible] à
[illegible] [illegible] par [illegible]
[illegible] il l'a [illegible] [illegible],
[illegible] [illegible] [illegible] [illegible]
[illegible] [illegible] [illegible] [illegible]
[illegible] plusieurs [illegible] [illegible],
[illegible] [illegible] [illegible] que [illegible]
f° 357